U0309931

剑桥历史分类读本

中国建筑的历史

丁牧 主编

中国商务出版社
CHINA COMMERCE AND TRADE PRESS

图书在版编目（CIP）数据

中国建筑的历史 / 丁牧主编 . -- 北京：中国商务
出版社，2018.3
（剑桥历史分类读本）
ISBN 978-7-5103-2353-9

Ⅰ . ①中… Ⅱ . ①丁… Ⅲ . ①建筑史—中国 Ⅳ .
① TU-092

中国版本图书馆 CIP 数据核字 (2018) 第 055432 号

剑桥历史分类读本

中国建筑的历史

ZHONGGUO JIANZHU DE LISHI

丁牧　主编

出　　　版：中国商务出版社
地　　　址：北京市东城区安定门外大街东后巷 28 号　　邮编：100710
责任部门：中国商务出版社　商务与文化事业部（010—64515151）
总 发 行：中国商务出版社　商务与文化事业部（010—64226011）
责任编辑：崔　笏
网　　　址：http://www.cctpress.com
邮　　　箱：shangwuyuwenhua@126.com
排　　　版：北斗星设计
印　　　刷：北京市松源印刷有限公司
开　　　本：700 毫米 ×1000 毫米　　1/16
印　　　张：14.5　　　　　　　　　字　　数：212 千字
版　　　次：2018 年 3 月第 1 版　　印　　次：2022 年 1 月第 2 次印刷
书　　　号：978-7-5103-2353-9
定　　　价：42.00 元

凡所购本版图书有印装质量问题，请与本社总编室联系（电话：010-64212247）。

编委会

序

　　我在大学任教多年，一个较明显的体会是，许多学生对人类文化发展的历史知之甚少。就是说，那些人类传承下来的宝贵历史财富，许多学生并没有很好地吸收接纳。古人曾指出"以史为镜，可以知兴替"，所以说，了解人类文化的历史，是很重要的。了解历史能使我们开阔视野，吸取经验教训，明白人类是如何走到今天，这对我们的成长大有裨益。

　　读历史很重要，如何选择历史读本也很重要。剑桥大学编纂出版的历史类图书，是世界公认的最权威、最全面的历史图书之一，剑桥大学不但出版按国别区分的历史类图书，而且还出版了按类别区分的历史类图书。阅读学习这样的史书，对读者的帮助很大。

　　现在摆在你面前的这套"剑桥历史分类读本"，就是参照了剑桥大学出版的大量分类历史图书的体例，又借鉴了我们国内相关历史类图书的写作方式，按照中国人的阅读习惯，精心筛选，重新编写而成的。另外，每册图书又配以近200张彩色图片，力求用图说的形式和通俗易懂的语言，更为生动形象地讲述历史。

　　相信这套图文并茂的"剑桥历史分类读本"，无论对于在校的中学生、大学生，还是已步入社会的青年朋友，都是值得一读的，它既能让你获得美的享受，又能让你得到思想的启迪。因此，我特向你推荐这套开卷有益的图书。是为序。

丁　牧

中央电视台《百家讲坛》主讲人

北京电影学院文学系教授、博士生导师

前言

剑桥大学编纂出版的历史类图书，是世界公认的最权威、最全面的历史图书之一，剑桥大学不但出版按国别区分的历史类图书，而且还出版了按类别区分的历史类图书。

剑桥大学出版的历史图书有两个显著的特点：一是撰写历史时，大都是放在大的文化背景下阐述，有着文化的历史的标志；二是这些历史图书大多不是刻板生硬的教材，而是用通俗易懂的文字来描述历史。这是我们这套丛书参照编写的原因。

中国的大学生以及毕业后走上工作岗位的白领们，由于初高中时期繁重的作业及应试压力，他们对于人类的历史只是一知半解，对于那些人类传承下来的宝贵的历史财富，并没有很好地吸收和接纳。古人曾指出"以史为镜，可以知兴替"，所以说，了解人类的历史是一件很重要的事情，这将使我们在人生的道路上终身受益。

本套丛书参照剑桥大学编纂出版的按类别区分的历史类图书，同时也参照其按国别区分的历史类图书，在此基础上，又结合了我们国内历史类图书的内容，这样就形成了本套图书的体例。

虽然剑桥大学的历史图书比较通俗，但对于非历史专业的读者来说，读起来还是有些困难。所以，为达到通俗易懂的目的，本套丛书在形成的体例基础上，以大事件将历史串联起来，同时每册图书还配以近 200 张彩色图片。不仅如此，每册图书都是以历史真实事件为基础、用故事性的描述语言编写完成的。

希望经过我们的努力打造出的这套丛书，能得到读者朋友们的喜爱。

《剑桥中国史》中说："长城，在中国的历史古迹当中，没有比它更具有震撼力了，它由砖石建成，高和宽平均 7.62 米，西起嘉峪关，东至山海关，绵延 6700 千米。"

50 万年前的旧石器时代，我国先民就知道利用天然的洞穴作为栖身之所。到了新石器时代，黄河中游的氏族部落利用黄土层为墙壁，用木构架、草泥建造半穴居住所。在长江流域也出现了干栏式建筑。

先秦时期，在中国的大地上先后营建了许多都邑，夯土技术已广泛使用于筑墙造台。西周兴建了镐京和洛阳。

秦汉五百年间，中国建筑出现了第一次发展高潮，秦始皇动用全国的人力、物力，在咸阳修筑都城、宫殿、陵墓。刘邦建立汉朝，修建了长乐宫。汉武帝先后五次大规模修筑长城。

魏晋南北朝是中国历史上一次民族大融合时期，传统建筑持续发展，异域佛教建筑传入。北朝营建了都城洛阳，南朝营建了建康城。东汉时佛教大发展，敦煌莫高窟开凿。

隋唐时期，建筑既继承前代成就，又受到外来影响，形成独立完整的建筑体系，把中国建筑推到了成熟阶段。隋朝开凿了大运河，名匠李春修建了赵州桥。唐朝修建了规模巨大的宫殿、苑囿、官署。寺塔、道观也大量出现，有五台山佛光寺大殿、西安慈恩寺大雁塔等。

自北宋起，建筑向细腻、纤巧发展，装饰上格外讲究。元代营建大都，明代营造南、北两京。在建筑布局方面，较之宋代更为成熟。明清时期大兴帝王苑囿与私家园林，形成为中国历史上一个造园高潮。

中国近现代建筑，继承传统建筑风格又吸收西方建筑技术，涌现出了大量别具一格的建筑，像开平碉楼等。改革开放以来，中国建筑百花齐放，建成有长城脚下的公社、鸟巢、象山校区、港珠澳跨海大桥等。

目 录

第一章
先秦时期的建筑

公元前 5000 年，具有农业、制陶、村落和纺织的新时器文化在中国大河流域的许多地方出现。与此同时，永久性的聚落导致了社会组织的新形式：一种地域性的单元，即村落，补充着以亲族为基础的组织形式。

——《剑桥中国史》

北京猿人洞穴建筑

北京猿人是最早的人类之一，他们居住在龙骨山山顶上方的"山顶洞"内。在原始社会，生产力水平低下，当时人类是不会建造房屋的，对于他们来说，天然洞穴显然是最宜居住的"家"，山洞满足了原始人对生存的最低要求。

京郊发现古洞穴

周口店位于北京市房山区，距北京城约50公里。在周口店的龙骨山上，早在1918年，瑞典科学家安特就发现了远古人类——猿人居住的"山顶洞"。

周口店遗址背靠峰峦起伏的太行山脉，面临着广阔的华北平原，山前一条小河潺潺流过，这里自然资源丰富，气候温暖宜人，非常适合人类的祖先生活。

但是，由于原始社会生产力水平低下，当时人类是不会建造房屋的，对于他们来说，天然洞穴显然是最宜居住的"家"，山洞满足了原始人对生存的最低要求。

随后，从1921年至1973年，又先后在周口店发现了几处猿人居住的山洞。从考古测定那里面的遗物得出，那时的周口店一带，森林茂密，山顶洞人处于母系氏族公社时期，生产力非常低下。因为野草丛生，猛兽出没，只靠单个人的力量无法生活下去，因此，他们往往几十个人在一起，使用共有的工具——石块，将石块敲打成粗糙的石器，把树枝砍成木棒，共同劳动，共同分配食物，一起居住在天然的洞穴中。

小小"洞房"别有天地

通过对"北京人"及其周围自然环境的研究，表明50万年前北京的地质地貌与现在基本相似，在丘陵山地上分布有茂密的森林群落，其中栖息着种类丰富的动物种群。但也曾出现过面积广阔的草原和沙漠，其中有

2

鸵鸟和骆驼栖息的遗迹，表明在这段漫长的岁月里，北京曾出现过温暖湿润和寒冷干燥的气候状况。

在龙骨山的东边有一条河流，在水力的作用下，形成了许多大小不等的天然洞穴，这里便为远古人类提供了栖息之地。

北京人遗址时代有一个发展过程。当初被认为是上新世。后以动物群的性质为主要依据，判明这个遗址属于比泥河湾期晚而比黄土期早的中更新世。最终测定，在山顶洞穴中居住的，最早的为距今50万年前的北京猿人，之后还有10万～20万年前的新洞人，以及1万～3万年前的山顶洞人。

考古发现，山顶洞人居住的洞穴已经有了建筑的概念，洞穴分为洞口、上室、下室和下窨4个部分。洞口向北，高约4米，下宽约5米，有天然开凿的痕迹。上室在洞穴的东半部，南北宽约8米，东西长约14米，是山顶洞人居住的地方。下室在洞穴的西半部稍低处，深约8米，是埋葬亡者的墓地。下窨是仓库。

"山顶洞人"洞穴外观

河姆渡人的干栏式建筑

河姆渡文化时期，人们的居住地已形成大小各异的村落。在村落遗址中有许多房屋建筑基址。建筑形式主要是栽桩架板高于地面的干栏式建筑。干栏式建筑是我国长江以南新石器时代以来的重要建筑形式之一，以河姆渡发现最早。

南方最早的稻作群体

河姆渡人生活于我国浙江省余姚市河姆渡镇金吾庙村发现的古老而多姿的新石器文化时期。河姆渡文化主要分布在杭州湾南岸的宁绍平原及舟山岛，年代为公元前5000年至公元前3300年。它是新石器时代母系氏族公社时期的氏族村落遗址，反映了约7000年前长江流域氏族的情况。

河姆渡文化的发现，有力地证明了长江下游地区的新石器文化同样是中华文明的重要渊薮，是代表我国古代文明发展趋势的另一条主线，为研究当时的农业、建筑、纺织、艺术等东方文明，提供了极其珍贵的实物佐证。

河姆渡文化的骨器制作比较进步，最具有代表性的是大量农业上使用的耒耜，以及鱼镖、镞、哨、匕、锥、锯形器等器物；还发现了我国最早的漆器，其陶器制作有一定的水平，稻穗纹陶盆上印有稻穗的图案，弯弯的稻穗图案使人想象到河姆渡时期的人们已经开始了水稻的栽培。

南方"吊脚楼"的始祖

河姆渡文化时期人们的居住地已形成大小各异的村落。在村落遗址中有许多房屋建筑基址。由于该地属于河岸沼泽区，气候湿热，多蚊虫，因此多采用栽桩架板高于地面的干栏式建筑，用该建筑的地板起防湿和御虫蛇作用。

地板下部空间可用来豢养家畜；地板上部空间为起居住室。正是因为干栏式建筑适应南方地区潮湿多雨的气候环境，因此被后世所继承，是我

国长江以南新石器时代以来的重要建筑形式之一，今天在中国西南地区和东南亚国家的农村还可以见到此类建筑。

河姆渡遗址中的许多桩柱、立柱、梁、板等建筑木构件，以及构件上有加工成的榫、卯（孔）、企口、销钉等，显示了当时杰出的木作技术。

柱子两端凸出的小方形称为榫，柱上凿出可将榫插入的孔为卯。在垂直相交的构件接点上，使用榫卯结构技术，把我国出现榫卯木作技术的时间从金属时代前推了3000多年。

遗址中所发现的企口板和销钉孔两种木构衔接法，令人惊叹不已，至今仍为木工工艺所沿用。河姆渡遗址的建筑技术，可以说已为我国木结构建筑打下了基础。

根据木桩的排列与走向分析，当时的房屋呈西北、东南走向。房子的门开在山墙上，朝向为南偏东。它在冬天能够最大限度地利用阳光取暖，夏季则起到遮阳避光的作用，因而被现代人所继承。

河姆渡时期的房屋建筑布局合理、设计科学，充分利用自然地理条件，使之有利于人类的生活和居住，同时，这可以看作是南方著名的"吊脚楼"民居的始祖。

红山人的女神庙

新石器时代的红山文化遗址，距今已有5000多年的历史。它是一个包括大型祭坛、女神庙和积石冢的建筑群，从其主体建筑女神庙来看，当时已形成了有中心、多单元、有变化的殿堂雏形，这说明女神庙原先可能是一座都城。

"东方文明的新曙光"

红山位于内蒙古自治区赤峰市东北郊的英金河畔，蒙古族人叫它为乌兰哈达，汉语意为"红色的山峰"，原名叫"九女山"。

传说远古时，有九个仙女犯了天规，西王母大怒，九仙女惊慌失措，不小心打翻了胭脂盒，胭脂洒在了山上，因而出现了九个红色的山峰。所以，后来人们都叫它"红山"。

在红山发现的古文化遗址，距今已有5000多年的历史，其中"中华第一龙"红山玉龙的发现，不仅找到了"中国龙"的源头，也充分印证了我国玉文化的源远流长。

中华民族一向以"龙的传人"自居，龙的起源同我们民族历史文化的形成和文明时代的开端紧密相关。红山玉龙对于研究我国远古的原始宗教和总结龙形发展的序列都有着非比寻常的意义，代表了已知的我国北方地区史前文化的最高水平，对中华文明起源史、中华古国史具有重要意义，被称为"东方文明的新曙光"。

最古老的"都城"

红山文化的遗址，是一个包括大型祭坛、女神庙和积石冢的建筑群，其布局和结构与北京的天坛、太庙和十三陵有相似之处。

在这个建筑群中，最值得一提的是牛河梁的那座女神庙，这是中国年代最早的神庙。女神庙坐落在红山的北山顶部，长22米，宽5.3米，分为五部分，分别是前、中、主、耳和后室。

女神庙的顶盖和墙体采用木架草筋,内外敷泥建造而成,并在顶盖和墙体的表面上采用压光或施用彩绘。附属建筑为单室建筑。

女神庙室内有巨大塑像群。在众多塑像中,有一座女神像十分引人注目,它与真人一般大小,造型准确,形象生动,艺术水平较高,是一件艺术珍品。

在距离女神庙1千米的地方,有一座全部是人工夯筑起来的小土山,夯土层次分明,形状为圆锥形、小抹顶。上面是用3圈石头围砌起来的,每一层石头伸进去10米,高度为1米,山下面也用3圈石头围砌起来。

围绕小土山周围的山头上,还发现有30多座积石冢群址,整个积石冢群都是圆锥形、大抹顶,和古埃及的金字塔相比,布局是一样的,称为"中国的金字塔"。

从"金字塔"顶向四周望去,女神庙遗址与"金字塔"在一条南北线上,而东西两侧的积石冢群址与"金字塔"等距离地排列在一条线上,从红山建筑群这种布局来看,使人明显地感受到女神庙的重要地位。

单从女神庙这座主体建筑来看,当时已形成了有中心、多单元、有变化的殿堂雏形,这说明女神庙所在的位置原先可能是一座都城。

三星堆人的远古都城

三星堆古遗址位于四川省广汉市西北的鸭子河南岸，距今已有5000年至3000年的历史。三星堆是迄今在西南地区发现的范围最大、延续时间最长、文化内涵最丰富的古蜀国都城文化遗址，被誉为"长江文明之源"。

"长江文明之源"

三星堆遗址位于四川省广汉市西北的鸭子河南岸，是一座由众多古文化遗存分布点所组成的庞大遗址群。遗址群开始于新石器时代晚期，结束于商末周初，延续近2000年，是迄今在西南地区发现的范围最大、延续时间最长、文化内涵最丰富的古蜀国都城文化遗址，被誉为"长江文明之源"。

考古研究发现，三星堆遗址是由一座东、西、南三面城墙所环绕，加之北侧鸭子河，是形成了很好的防御体系的一座古城。三星堆古城是古蜀国的都城，具有鲜明的地域特色，与当时中原地区的夏商代都城明显不同。

三星堆古城在选址时，基于对城池安全的考虑，选择了依托鸭子河，即使按照现代建筑学理论，这里的地理位置和自然环境也十分适合建城，可见古蜀人的建筑智慧之高。

从建筑布局上看，三星堆古城由一道外郭城和若干个内城组成，古城内外可分作祭祀区、居住区、作坊区、墓葬区等部分。古城内的重要建筑遗址是三星堆城墙、月亮湾城墙、仁胜村墓地和青关山遗址。

"三星伴月"筑都城

据考证，三星堆的建设，源于夏王朝有缗氏（蜀族）的古蜀国，古城内有3个起伏相连的黄土堆而得名，有"三星伴月"之美名。

三星堆城墙呈东北—西南走向，位于鸭子河与马牧河之间的高台地上，城墙现已不存。根据城墙基础可知，三星堆城墙长度为260米，基础宽度

为42米。在城墙的中部和北部各有一宽约20余米的缺口,将西城墙分为北、中、南3段。

月亮湾城墙位于三星堆遗址中北部的月亮湾台地东缘,按走向可分南北两段,北段为东北—西南走向,南段略向东折。城墙地面现存部分总长约650米,顶宽约20米,高2.4米。中段有拐折,南端成正南北走向。城墙外侧有壕沟,壕沟距地表深3.5米。

仁胜村墓地位于三星堆古城的西北部,这是三星堆古城的公共墓地。考古学者在约900平方米的范围内,发掘出29座小型长方形竖穴土坑和狭长形竖穴土坑墓葬,说明墓室加工较为考究。

青关山遗址是三星堆古城遗址中一座大规模的房屋基址,位于鸭子河南岸的台地上。经考古发掘,发现了大型红烧土房屋基址一座,这座房屋极有可能是古蜀国的宫殿性质的建筑,建造年代为商代。

大型红烧土房屋房基宽0.35~1.5米,均系红烧土夯筑,红烧土内夹杂大量卵石。推测其修筑方法为先挖基槽,然后夯筑房基。这种先进的修筑方法,体现了远古时期中国人的生产力已经得到了一定的发展,其房屋建造技术也达到了一定水平。

现存最早的皇家园林——晋祠

晋祠是建筑艺术的园林，也是历史文化的缩影和宝库。在漫长的岁月中，晋祠经过多次修建和扩建，面貌不断改观。在晋祠内，近百座殿、堂、楼、阁、亭、台、桥、榭，错落其间，将中华建筑艺术的精髓展现在世人面前。

唐国叔虞留晋祠

晋祠位于山西省太原市西南 25 千米处的晋水源头处。关于晋祠的来源，要追溯到西周时期。

周武王姬发死后，周成王年幼，由周公姬旦辅佐。有一天，成王把一片桐叶剪成玉圭的形状，送给弟弟叔虞，说："这玉圭给你，封你到唐国做诸侯吧。"周公知道后，对成王说："君无戏言。"于是周成王便将唐国封给叔虞。这就是历史上有名的"剪桐封弟"的故事。

叔虞到了唐（今山西太原一带）后，领导人民改良农田，兴修水利，使人民生活逐渐安定富裕，成为唐人爱戴的领主。后人便立祠纪念他，称为"唐叔虞祠"。

叔虞死后，其子燮继承封地。因唐境内有一条晋水，就改国号为"晋"，这就是春秋五霸之一——晋国的来源。此后唐叔虞祠被称为"晋祠"。

在此之后，晋祠在千百年来曾经过多次修建和扩建。

关于晋祠的记载，最早见于北魏郦道元（466—527）的《水经注》中，可见当时晋祠已经有祠、堂、飞梁等建筑了。

南北朝时，北齐文宣帝高洋曾扩建晋祠；隋开皇时在祠区西南方增建舍利生生塔；唐太宗李世民也曾下诏对晋祠进行一次大规模的扩建；北宋时，太宗也将晋祠规模进一步扩大；仁宗在晋祠为唐叔虞之母邑姜修建了规模宏大的圣母殿，晋祠内的建筑变得更加丰富。

此后各朝各代，又建了鱼沼飞梁、铸造铁人，增建献殿、钟楼、鼓楼及水镜台等，祠区建筑布局也因此变化颇多，成为中国建筑史上的一个典范之作。

中国建筑史上的典范之作

晋祠内，由东向西，依次坐落着水镜台、会仙桥、金人台、对越坊、钟鼓二楼、献殿、鱼沼飞梁和圣母殿。这一组综合建筑群，近百座殿、堂、楼、阁、亭、台、桥、榭，错落其间，将中华建筑艺术的精髓展现在世人面前。

晋祠的一个最大特点是，它没有明确的中轴线，院落之间也不做对称布置。但是，晋祠这些后人增建的建筑，并不是杂乱无章地生拼硬凑，似乎都服从于一个并不存在的总体规划，使得布局非常和谐。它布局紧凑，既像庙观的院落，又像皇室的宫苑，反映了中国先人的建筑智慧。

最前端是水镜台，前部为单檐卷棚顶，后部为重檐歇山顶。除前面的较为宽敞的部分是演戏的舞台外，其余三面均有明朗的走廊。

最早的唐叔虞祠坐落在晋祠的东北，两进院落，大殿里供奉着叔虞像。过去的大殿已不复存在，如今的大殿是清乾隆年间重建的。

叔虞祠以北，是晋祠的主殿——圣母殿，它是为供奉唐叔虞的母亲邑姜而建，建于北宋天圣年间。该殿坐西朝东，面阔 5 间，进深 4 间，高 19 米，重檐歇山屋顶。

殿堂结构为单槽形式，殿四周有回廊。大殿正面 8 根下檐柱上有木制

圣母殿

11

雕龙缠绕，即《营造法式》所载的缠龙柱，这是现存宋代缠龙柱的孤例。此殿表现了典型的北宋建筑风格，可视为宋代建筑的代表之作。

圣母殿内的邑姜像是明代重装的，圣母两侧的42尊宋代侍女塑像姿态各异，十分漂亮。塑像以细致的手段表现出她们不同的表情。这是中国建筑雕塑史上少有的杰作。

圣母殿前是著名的鱼沼飞梁。全沼为一方形水池，池中立34根小八角形石柱，柱顶架斗拱和梁木承托着十字形桥面，桥面整个造型犹如展翅欲飞的大鸟，故称飞梁。

飞梁之前的献殿是陈设祭品之所，建于金大定八年（1168）。此殿宽3间，深2间，只在四椽栿上放一层平梁，既简单省料，又轻巧坚固。殿的四周除中间前后开门之外，均筑坚厚的槛墙，上安直栅栏。栅栏是四面开敞的小殿，殿小而结构清晰。

圣母殿前的月台西北几十米外是水母楼，水母楼是明代建筑，楼内有一座铜铸的水母像，是长发未束的村妇打扮，水母像底座是一个盖着的水缸。传说这位村妇为拯救全村的人而死，后世人为了纪念她，建起了这座阁楼。

水母楼南侧是纪念鲁班的公输子祠。传说修晋祠时，鲁班曾显灵指点工匠采取堆土和修筑冰道的办法修建晋祠的建筑。因而在完工后，修建晋祠的工匠们自己捐钱修造了这座公输子祠。

鱼沼飞梁

孔家庙府建筑群

孔家祖庙是古代中国人的精神圣地，始建于鲁哀公十七年，历代增修扩建，经 2400 余年而祭祀不绝。孔子家庙以其规模之宏大、气魄之雄伟、渊源之久远、保存之完整，成为海内外数千座孔庙的先河与范本。

中国渊源最古老的家族庙

山东省曲阜孔家祖庙位于市南门内，其渊源可追溯至孔子死后的第二年（前 478）。当时，鲁哀公将孔子的三间故居小屋辟作"孔庙"，后经历代增修扩建，规模越来越大。

宋天禧二年（1018），孔子第 45 代孙孔道辅监修孔庙，将正殿扩建，位置后移，并增建殿庭廊庑 360 间，这是有史以来孔庙建筑最大规模的一次整修；现今的孔庙基本上是明清两代所建，内有坊殿、亭阁 466 间，总面积达 15 万平方米，孔庙也因此成为宏伟壮观的仿王宫制的建筑群。

孔庙在建筑形制和布局上深受儒家思想的影响，是儒家建筑审美思想的集中体现。其平面呈长方形，分东、西、中三路，前后九进院落，南北中轴线长 1 千米多，前有棂星门、圣时门、弘道门、大中门、同文门、奎文阁、13 座御碑亭。

从大成门起，分为三路：东路为孔子故宅，有诗礼堂、礼器库、鲁壁、故宅井、崇圣祠、家庙等；西路为祭祀孔子父母的启圣王殿、启圣王寝殿及用以习乐的金丝堂和乐器库等；中路有杏坛、大成殿、东西庑、寝殿、圣迹殿等。

孔庙的主体建筑是大成殿，建于宋天禧元年（1017），明、清再建，成为孔庙的中心建筑，占据区域的中心位置。

大成殿殿面宽 9 间，用高高的台基托起，位于周围的建筑物之上，重檐九脊，斗棋交错，金碧辉煌，表现了孔子的崇高地位。

大成殿进深 5 间，正中供祀孔子像，两侧配祀颜回、曾参、孟轲等 12 哲像。殿内柱用楠木，雕刻有金龙，显得十分富丽堂皇。中央藻井蟠龙

孔家祖庙建筑群

含珠，一如太和殿。殿外檐柱用汉白玉石料，正面 10 根石柱刻有蟠龙，上下两龙对翔戏珠。柱脚四周刻假山石图样，山石下刻莲瓣一周。

大成殿前相传是孔子讲学的"杏坛"。原是露天的，宋代时在坛旁种了不少杏树。金代以后，又在坛上建了一个亭子。

大成殿前东西两侧有廊庑 80 间，原是供奉历代著名儒家"贤人"神位的地方，现在是碑刻陈列馆。殿后的寝殿是一座重檐歇山顶七开间的建筑，内供孔子夫人丌官氏的牌位。

寝殿后有一座圣迹殿，单檐歇山顶，五开间，是陈列明代刻的 120 幅孔子事迹图的地方。

奎文阁后，大成门前，排列着两排 13 座御碑亭，是金、元、清三代帝王为保护唐宋以来几十个皇帝来孔庙祭孔所立的 53 块御碑而建。

中国私宅之首——孔府

孔府即孔家居宅，孔子在世时，只有小屋三间。之后，历代皇帝对孔子的后代嫡裔都眷顾备至，如汉高祖始封为"奉祀君"；汉元帝封为"关内侯"；唐代封为"文宣公"；宋仁宗封为"衍圣公"，此后世袭此爵。孔府即是衍圣公的官署兼私邸，因而又称"衍圣公府"，西与孔庙毗邻。

孔府占地 16 万平方米，堪称全世界私宅之首。楼房厅堂 463 间，其布局分中、东、西三路。中路存 11 进庭院，按皇宫前朝后寝之制。

孔府的衙署在中路前部，共设三堂六厅。正厅为五门九檩悬山建筑，前设大月台，中部 3 间为前檐空敞的传统大堂形制；厅前有东西庑各10余间，按明代六科设六厅。后厅5间七檩，有穿堂与正厅相连，呈"工"字形。退厅也作5间七檩，与东西两厢组成庭院。

前三堂的后面，便是内宅的后三院。在中路退厅以后，共有前上房、前堂楼和后堂楼3个封闭式庭院。前上房为7间七檩悬山式建筑，并有东、西两厢房各5间，是衍圣公生活起居的主要院落。前、后堂楼都是7间两层，前出廊，东、西配楼各3间。

内宅后为孔府花园，又名铁山园。园内花厅、凉亭、假山、鱼池分布有致，设计奇巧，古木虬藤，奇花异草，满园幽香。

孔府的东路为家庙所在地，有抱本堂、桃庙、新祠堂、一贯堂和慕恩堂，还有接待朝廷钦差大臣的兰堂、九如堂、御书堂及酒坊等建筑。

孔府的西路有红萼轩、忠恕堂和安怀堂，是旧时衍圣公读书和学诗学礼、燕居吟咏之所，南、北花厅为招待来宾的客室。

按封建礼制，孔府的规模之大已超过公府的定制，布局俨然是小型的宫殿。孔府在大门、二门、仪门、正厅等处，明间阑额上绘有宫廷"双龙捧珠"和玺彩画，反映出它是拥有皇家特权的贵族府第。

大成殿

李冰建成都江堰

都江堰号称"中华第一堰"，是战国末期秦蜀郡太守李冰修筑的一个科学、完整、极富发展潜力的庞大的水利工程。它是巧夺天工、造福当代、惠泽未来的水利工程，是区域水利网络化的典范，被誉为中国古代七大建筑奇迹之一。

水灾引发的建筑奇迹

都江堰位于四川省灌县（现都江堰市）城西，坐落在成都平原西部的岷江上。岷江发源于松潘县羊膊岭，穿过深山大峡，汇集西川溪流于灌县城西。在没修都江堰之前，每到洪水季节，岷江的江水横冲直撞，四溢横流，使得下游的良田非旱即涝，粮食经常歉收，老百姓苦不堪言。

秦惠文王九年（前316），秦国吞并蜀国。为了将蜀地建成秦国的重要粮食基地，秦国决定彻底治理岷江水患。精通治水的李冰来到四川，担任蜀守，一心治水。

李冰调查发现，岷江之所以经常发洪水，是因为岷江沿江两岸山高谷深，江水的落差大，导致水流湍急。湍急的岷江水流到灌县附近时，突然一下子进入一马平川的灌县江段，水流的冲击力变得更大，往往会冲决堤岸，泛滥成灾，淹没良田和农舍。

另外，岷江水流到一马平川的灌县江段时，从上游挟带来的大量泥沙也容易淤积在这里，河床因此被抬高，水患就更严重了。

同时，灌县城西南面的玉垒山阻挡了向东流的岷江水，所以，每年夏秋洪水季节，灌县东面的良田无法引水灌溉，经常导致大旱，而灌县西面因为岷江的洪水泛滥，经常发生洪涝灾害。

李冰和他的儿子沿岷江江岸进行实地考察，制定了治理岷江的规划方案，把原来的渠首上移至成都平原冲积扇的顶部灌县玉垒山处，从而保证较大的引水量及形成通畅的渠道网。渠道位置的选定，拉开了伟大的都江堰水利工程的序幕。

世界建筑史上的杰作

整个都江堰水利工程大致可分为两部分：一部分是渠首工程，由鱼嘴分水堤、飞沙堰溢洪道和宝瓶引水口3部分组成；另一部分是由若干条干渠、支渠组成的庞大水网，用来灌溉成都平原的良田。

李冰在修建都江堰的过程中，建筑材料都是就地取材的卵石、竹子和木材，但他却巧妙地对这些材料做了一些改装，进而造出了4种新的材料，分别是竹笼、杩槎、羊圈和干砌卵石。

李冰通过竹笼这种建筑材料，战胜了急流的江水，筑成了分水堤。竹笼层层累筑，既可免除堤埂断裂，又可利用卵石间空隙减少洪水的直接压力，从而降低堤堰崩溃的危险。

分水堤前端犹如鱼头，取名"鱼嘴"。鱼嘴将岷江分为内江与外江，起到了航运、灌溉与分洪的作用。

总干渠的渠首就是负责引水灌溉的宝瓶口，岷江的江水经宝瓶口再分成许多大小沟渠河道，组成一个纵横交错的扇形水网，灌溉成都平原的千里农田。

李冰对分水堤的两侧也进行了加固处理。他用干砌卵石的方法修筑堤防，使得分水堤非常牢固。分水堤内外江一侧分别叫内、外金刚堤，统称"金堤"。

分水堰建成以后，内江灌溉的成都平原就很少有水旱灾了。

为进一步控制流入宝瓶口的水量，李冰在分水堰的尾部进一步修建了分洪用的平水槽和"飞沙堰"溢洪道。

飞沙堰也用竹笼装卵石堆筑，高度以接近于岷江水的平常水位为宜。当内江的岷江水水位过高，形成洪水的时候，洪水就经由平水槽漫过飞沙堰流入外江，以保障内江灌区免遭水淹。

通过飞沙堰的作用，使得鱼嘴分水量的比例非常合适。春耕季节，内江水量大于外江水量；洪水季节，内江水量超过灌溉所需，由飞沙堰自行溢出。

此外，由于漫过飞沙堰流入外江的水流形成了漩涡，节制内江水量的岩石渠道宝瓶口前后沉积的泥沙就会被冲走。

为了控制内江流量，李冰命人凿一石人立于江中，作为观测水位的标尺。他还采取了在江心中构筑分水堰的办法，把江水分作两支，迫使其中一支流进宝瓶口。宝瓶口十分坚固，千百年来岷江的激流也未冲毁它，有效地控制了岷江水流。

修成宝瓶口之后，李冰又开两渠，由永康过新繁入成都，称为外江；由永康过郫入成都，称为内江。这两条主渠沟通成都平原上零星分布的农田灌溉渠，都江堰水利工程的渠道网由此形成。自此之后，都江堰再无水患，成都平原成为了天下粮仓。

飞沙堰

第二章
秦汉的建筑

在陕西省西安附近距秦始皇陵约半
英里处，出土的兵马俑阵式庞大，不仅
显示了秦朝的赫赫军威，也表明了秦始
皇对其死后的忧虑。这些陶俑有真人大
小，涂有 12 或 13 种亮丽的颜色。他们
先用模具制成相同的肢体，然后由手工
完成整体的制作，因此无一雷同。为使
形态逼真，陶俑们配备有真正的战车和
青铜武器。

——《剑桥中国史》

气势恢宏的秦始皇陵

秦始皇陵是世界上最大的地下皇陵，是中国历史上第一个皇帝陵园，是世界上规模最大、结构最奇特、内涵最丰富的帝王陵墓之一。它集中了秦代建筑技术的最高成就，表现了2000多年前中国古代汉族劳动人民的艺术才能。

中国第一个皇帝陵园

秦始皇陵是秦始皇嬴政下令，于公元前246年至公元前208年修建的，是中国历史上第一个皇帝陵园，也是世界上最大的地下皇陵。秦王朝是中国历史上辉煌的一页，秦始皇陵则集中体现了秦代建筑文明的最高成就。虽然陵墓尚未打开，但估计其巨大的规模、丰富的陪葬物将居历代帝王陵之首。

秦始皇陵位于陕西西安以东35千米的临潼。秦始皇执政于都城咸阳，却要选在远离咸阳的骊山脚下建造皇陵，依据的是晚辈居东的礼制，秦国前几代国君墓已确知葬在芷阳的有昭襄王、庄襄王和宣太后。既然先祖墓均葬在临漳县以西，而作为晚辈的秦始皇只能埋在芷阳以东了。

秦始皇陵位置的选择，也体现了当时"依山造陵"的建筑文化。从春秋时起，各诸侯国开始相继风行国君"依山造陵"之例。那时的秦公墓也受这种观念的影响，有的"葬西山"，有的葬在陵山附近。而秦始皇陵背靠骊山、面向渭水，山势起伏，层峦叠嶂，气势非凡。

独具匠心的总体布局

秦始皇陵是中国古代人民勤奋和聪明才智的结晶，是一座历史文化宝库。在所有古代帝王陵墓中，秦始皇陵以规模宏大、埋藏丰富而著称于世。

陵园总体布局颇具匠心。分陵园区和从葬区两部分，占地近8平方千米，建内、外城两重，封土呈四方锥形。陵园仿照秦国都城咸阳的布

局建造，大体呈"回"字形，陵园内城垣周长 3870 米，外城垣周长 6210 米。可惜的是，当年那长达 10 千米的内、外夯土城垣早在 2000 多年前就遭到项羽的焚烧了。

秦陵地面上的主要遗迹就是那座高大如山的封冢。据考古推测，封冢北侧的地面建筑群的建筑规模较大，形制讲究的建筑物是陵园祭祀的寝殿。寝殿之北还有两组规模较大的寝殿。

封冢西侧的内、外城垣之间，有 31 座珍禽异兽陪葬坑。在封冢东侧，考古工作者先后发现了两处陪葬坑和一处陪葬墓。外城垣以东 1225 米处就是著名的 3 个兵马俑陪葬坑。

秦始皇陵一共发现了 10 座城门。坟冢的北边是陵园的中心部分，东、西、北三面有墓道通向墓室。

秦始皇陵园的总体布局上，体现了一冢独尊的特点。秦始皇陵园内只有一座高大的坟墓，和战国时期其他诸侯墓地同时有几座大墓的格局不同。

此外，封冢位置也有别于其他国君陵园。其他国君陵园大多是将封冢安置在"回"字形陵园的中部，而秦始皇陵封冢却位于内城南半部。

地宫是陵墓建筑的核心部分，位于现封土堆下，是放置棺椁、随葬品的地方。考古发现地宫面积约 18 万平方米，中心点的深度约 30 米。

在距现地表 2.7 ~ 4 米深处，经考古工作者勘探，发现了地宫的宫墙，北侧宫墙东西长 392 米，东西侧的宫墙南北长 460 米，墙体宽、高约为 4 米。

宫墙用未经过焙烧的砖坯砌成，宫墙四侧有门，东边发现五条墓道，北边、西边各有一条墓道。西边的墓道东端还有相互连接的两个并排耳室，第一耳室面积为 300 多平方米，第二耳室面积接近 300 平方米。墓室的北侧有两座门阙建筑遗址，门阙位于封冢北边的中部，东距现封冢东边沿百余米，西距现封冢西边沿也有百余米，北至现封冢北边沿近 30 米，面积近 5000 平方米。

另外，在陵北墓道旁边也有面积近 2000 平方米的两个土木结构的地下建筑。

有关地官的结构，据《史记·秦始皇本纪》记载，在陵墓内部，棺材放在用铜加固的基座上，墓室里面放满了奇珍异宝。墓室里还注满水银，象征江河湖海；墓顶镶着夜明珠，象征日月星辰。墓室内还设有机关，盗墓的人一靠近，机关里面的毒箭就会将其射死。

位于陵园东侧 1225 米处的兵马俑坑，本是秦始皇陵的陪葬坑，被誉为"世界第八奇迹"。兵马俑坑现已发掘 3 座，这 3 座俑坑坐西向东，呈"品"字形排列，面积共达 2 万多平方米。

坑内的陶塑兵马俑是仿制的秦宿卫军，它们分别组成了步、弩、车、骑四个兵种。秦俑的写实制作方法，作为中国雕塑史上承前启后的艺术为世界所瞩目。

秦始皇陵地官模型

世界新七大奇迹之首——长城

长城又称"万里长城"，是中国古代在不同时期为
抵御塞北游牧部落侵袭而修筑的规模浩大的军事工程的
统称。长城始建于春秋战国时期，以后各代不断加固或
重修，从而形成今天这样的壮观规模，被誉为中国古代
七大建筑奇迹之首。

年代最久远的巨型军事工程

早在春秋战国时期，各个诸侯国就开始修筑长城，用来抵御北方匈奴
的入侵。但这些诸侯国各自修建的长城长短不一，短的只有几百千米，长
的也不过一两千米。

而真正称得上"万里长城"之名的，当从秦始皇统一全国之后开始。

公元前215年，秦始皇派大将蒙恬率30万大军北击匈奴，夺河南之地。
为防止北方游牧民族的侵袭，修筑了"万里长城"。

秦长城西起临三北（今甘肃山尼县），沿洮河向北至临洮县，再经定
西县南境向东北至宁夏固原县，折而向东北经甘肃省环县，再经陕西省靖
边、横山、榆林、神木，然后折向北至内蒙古托克托南，到达黄河南岸。

在黄河以北，秦长城则由阴山山脉西段的狼山，向东直插大青山北麓，
经内蒙集宁、兴和到达河北尚义县境。由尚义向东北经河北省张北、围场
诸县，再向东经抚顺、本溪，止于朝鲜。

秦长城多半修筑在山峦北坡，多用夯土筑成，也用石砌或土石混筑，
一般石砌长城遗迹保存尚好。

如包头的秦长城，特别是包头市固阳县九分子乡一段，总长约12千米，
城墙外侧有5米高，内侧有2米高，顶宽2.8米，底宽3.1米，墙体多以
黑褐色厚石片交错叠压垒砌而成。这是把附近的山石一块块切割下来，磨
平后干砌在城上而筑成长城的。

这段石筑长城历经2200多年的风吹日晒、雨雪冲刷，也没有损坏，
只是长城上的石块由原来的青色、半黄色氧化成了黑色和棕黑色了。站

今日长城奇观

在山顶处，依然可见断断续续的长城遗迹，尚能辨清古代烽火台和障城的遗迹。

秦始皇在修长城的时候，也对春秋战国时期的一些长城进行了拆除。在春秋战国时期，诸侯称霸，各自筑长城，不仅为了防备匈奴入侵，也为了自卫，这样一来，长城成了诸侯割据的屏障。因此，秦始皇在统一中国之后，立即下令拆毁各国的长城、关隘，"移去险阻"。

秦长城雄伟壮观，是中华民族的瑰宝，也是世界建筑史上的奇迹。

古代汉民族的建筑智慧

秦代的长城修建，借鉴了前代各诸侯国的建造智慧，并加以利用和创新。

如燕国开始修建长城时，起初都是用泥抹的。为了早日修好城墙，冬天时，燕国的民夫还得修建长城。因为天冷，和泥须用热水，民夫就在石头上支锅烧热水时，由于锅破，热水便洒在烧热的石头上，烧热的石头遇到水就炸开了，便炸出许多白面面。有个人把这些白面面用水和了和，抹在石条和砖缝间，惊奇地发现这要比用泥抹时结实得多。

燕国人得到了启发，从此便烧这种石头灰来抹城墙缝。这种烧制的石头灰质量非常好，被后人称为万年灰，意思是万年不变质，这就是今天所说的石灰。

后来，秦始皇统一了中国，正式修建万里长城，也用燕国人发明的万年灰来抹城墙缝。

当初修建长城时，需要成千上万块长2米、宽0.5米、厚0.3米的石条，工匠们在高山上将石条凿好后，却因为山高路陡，无法运输。眼看隆冬季节就要到了，再不运走，就要被朝廷怪罪，石匠们非常着急。

这时有人想出一个主意，等到滴水成冰的隆冬来临时，在高山石料场与长城工程现场之间修一条路，再在路面上泼水，让其冻结成一条冰道，然后把石条放在冰道上滑行运输。就这样，用这种方法，石条非常顺利地运到了长城工程现场。

位于甘肃敦煌西北的玉门关和阳关，是万里长城历史最为悠久、地位最为显要、且遗址尚存、文化内涵最为丰富的雄关古塞之一。汉武帝元鼎六年（前111），赵破奴在大破匈奴之后，就大修河西长城，一直修到了玉门关、阳关。其后又把长城修到了疏勒（今新疆喀什）等地。

玉门关、阳关长城的一个重要的特点是：修筑方法巧妙。玉门关和阳关附近都是戈壁、沙漠，既无山石又无泥土这些修筑长城的基本材料，有的只是砂砾、红柳、苇坑，而2000多年前修筑长城的军士工匠们则巧妙地利用了红柳枝条和苇杆，层层铺筑，修造起高大的城墙。

山海关长城

毁于战火的阿房宫

阿房宫被誉为"天下第一宫"，是秦帝国修建的新朝宫，与万里长城、秦始皇陵、秦直道并称为"秦始皇的四大工程"。它不仅是秦代建筑中最宏伟壮丽的宫殿群，也是中国古代宫殿建筑的代表作，更记载着中华民族由分散走向统一的历史。

"天下第一宫"

阿房宫位于今陕西省西安市西郊 15 千米处，纵长 5 千米，横宽 3 千米，是中国历史上第一个统一多民族的中央集权制国家——秦帝国修建的新朝宫。

秦始皇三十五年 (前 212)，他下令在龙首原西侧开始建造天下朝宫，意在建成后成为秦朝的政治中心。

秦始皇三十七年 (前 210)，他驾崩于东巡途中，后葬于骊山。此时阿房宫尚未修成，工程被迫停了下来；秦二世胡亥将所有刑徒都调往骊山陵填土。

秦二世元年 (前 209) 四月，秦始皇陵主体工程基本完工，胡亥为实现始皇帝的遗愿，从陵墓工程中调出部分人力继续修筑阿房宫。

但就在 3 个月后，陈胜、吴广起义爆发。之后赵高将胡亥劫持在望夷宫，逼他自杀，不久秦帝国灭亡，阿房宫最终完全停工。

虽然阿房宫毁于项羽的一把大火之中，但 1992 年联合国教科文组织实地考察，确认了秦阿房宫遗址。其建筑规模和保存完整程度在世界古建筑中名列第一，属世界奇迹和著名遗址之一，被誉为"天下第一宫"。

秦代最宏伟壮丽的宫殿群

秦阿房宫不仅是秦代建筑中最宏伟壮丽的宫殿群，承载着秦代文明的辉煌记忆；更是中国古代宫殿建筑的代表作，记载着中华民族由分散走向

阿房宫复原图

统一的历史。

阿房宫建筑遗址主要分布在三桥镇以南，密集区内至今保留的地面夯土基址还有 20 余处，其中以阿房宫前殿遗址为最大，建筑用的筒瓦、板瓦、瓦当、铺地砖、圆形和五角形陶质水道、漏斗、原石柱础等遗物随处可见。

"前殿"是阿房宫的主要组成部分，属于朝宫的重心所在。它是一座巨大的长方形夯土台基，实际长 1320 米，宽 420 米，最高处高 7 ~ 9 米，是世界上目前已知的最大的夯土建筑台基。

前殿台基夯层清晰而整齐，土质纯净密实，层厚 7 ~ 8 厘米，"上可以坐万人，下可以建五丈旗。周驰为阁道，自殿下直抵南山。表南山之巅以为阙，为复道，自阿房渡渭，属之咸阳，以象天极阁道绝汉抵营室也"。

上林苑 1 号建筑遗址位于前殿西 1150 米处，分为南、北两部分。南部为宫殿区；北部为园林区。宫殿区的土砖、板瓦、筒瓦、瓦当等建筑遗物上，都有被大火烧过的痕迹，说明该建筑遗址曾经遭遇过很大的火灾。

史载，上林苑为秦始皇三十五年 (前 212) 营建朝宫于此。汉初苑内荒芜，武帝时复为宫苑，内养禽兽，供皇帝射猎，并建离宫、观、馆数十处。

值得注意的是，阿房宫建筑的地下，多处发现由陶水管道铺就的排水设施，充分说明了当时建筑者的考虑之周全。

西汉第一座正规宫殿——长乐宫

长乐宫是中国西汉时期的宫殿，在历史上又叫"东宫"，与未央宫、建章宫并称为中国汉代的"三宫"之一。它位于汉长安城南隅，总面积相当于汉长安城的六分之一，遗址的研究，为我国古代建筑史提供了重要的实物资料。

历史第一大都会的正规宫殿

公元前 202 年，汉高祖刘邦经过"楚汉之争"打败项羽建立大汉王朝，最初计划建都洛阳，后来听从娄敬、张良等人建议，认识到关中战略地位的重要性，决定定都关中。同年九月，刘邦决定首先修复兴乐宫，并改名为长乐宫，以此为基础，兴建都城，取用当地一个乡聚的名称，取名为长安城。

汉长安城位于我国陕西省西安市西北 10 千米处，存在于公元前 202 年至公元 8 年。它是我国历史上第一个国际大都会和当时世界上规模最大的都城，是我国历史上建都朝代最多、历时最长的都城，是汉民族文化形成过程中的中心。

长乐宫位于长安城的东南部，始建于高祖五年 (前 202)。在此之前，项羽的一把毁灭性大火在咸阳连烧了 3 个月，当年雄视一切的王朝在大火中消亡，秦始皇苦心经营的宫室也被焚毁殆尽。

刘邦称帝后，住进了尚称完好的秦兴乐宫。之后，刘邦开始建筑自己的宫城，即长乐宫与未央宫。两年后，长乐宫竣工，由此成就了这座大汉王朝第一正规宫殿。

巧妙绝伦的建筑智慧

长乐宫遗址平面呈矩形，东西宽 2900 米，南北长 2400 米，约占长安城面积的六分之一。

据记载，长乐宫由一系列建筑构成，宫的四面各开宫门一座，仅东门和西门有阙。整座宫室规模很大，宫内的主要建筑是长乐宫前殿，此外，还有鸿台及长信、长定、长秋、永寿、永宁、临华、神仙、温室、椒房、建始、广阳、中室、月室、大夏、长亭、金华、承明诸殿。

前殿的中心是一座大型夯土台基，东西近 167 米，进深约 49 米。当时为朝廷所在，建筑布局有序、结构精巧，通过大量发现的建筑构件可以证明。

前殿除了房屋、水井、院落外，紧贴夯土台基的一条长 34.29 米、最宽处 1.9 米的半地下通道引发了诸多猜想。有专家认为，这条地下通道就是皇宫中的秘道，是皇族们预防不测的安全通道。

临华殿遗址有 2000 平方米，房子为半地穴式，鹅卵石铺地后砂浆抹平地面，墙壁涂有白灰，并饰有夺目的彩绘壁画，通道和台阶铺有精美的印花砖，显示出独特的审美取向。

被称为 5 号宫殿的遗址形制独特，遗址围墙特别厚。据推测，此处当时是用来储藏冰的"凌室"，厚厚的墙壁有利于保持室温，所藏之冰用来储藏食物、防腐保鲜和降温纳凉。

长乐宫有着当时罕见的排水渠道，两组陶质排水管道布在 1 米多深的地下，如两条南北向的巨龙"聚首"在一条长达 57 米的排水渠边。这从侧面表明了西汉时期中国皇宫建筑的高超水平。

存世一千多年的未央宫

未央宫是西汉时期帝国的权力中枢，也是皇帝朝寝的皇宫，长安城内最重要的宫殿建筑群。它以其宏大的规模、等级森严的建筑规格体系和设计思想，奠定了中国两千多年宫廷建筑的基本格局，对后代宫城和都城的建设规划产生了深远的影响。

"形胜"之地出未央

汉未央宫位于陕西省西安西北方 3 千米处，北距渭河南岸约 2 千米，是汉长安城所在的西南至东北走向的龙首原最高点的"形胜"之地。

"形胜"是汉代建城筑宫选址的基本思想。"形胜"据《史记·索隐》引韦昭云："地形防固、故能胜人也。"

据郦道元《水经注·卷十九·渭水 [下]》所载，传说秦朝时有条黑龙从南山出，饮渭水，经过的路线后来变成山脉，长 30 千米，头临渭水、尾达樊川，正是体现了"形胜"这一点，所谓"山即基阙，不假筑"也。

未央宫的选址，除了防范水患的"形胜"需要，当然还有安全等因素问题。在以冷兵器为主的古代军事中，地形、地势尤为重要，有了制高点几乎就有了制胜的基础。

此外，从心理层面而言，未央宫是帝国的政治中心，国家的象征，大朝正殿位于帝都长安的最高点，正彰显"非壮丽无以重威"。这也是"形胜"的重要体现。

汉高祖七年（前 200），丞相萧何"斩龙首而营之"，主持在秦章台基础上营建未央宫。吉语"未央"作为宫名，含义自明，就是没有灾难，没有殃祸，含有平安、长寿等意义。

两年后，未央宫基本建成，它与长乐宫分列于汉长安城安门大街东西两边，因而又分别称为东宫和西宫。汉代尚"右"，方位以"西"为尊，西宫为皇室正宫。

另外，未央宫又称紫宫或紫微宫。中国古代将天体恒星分为三垣，中

垣也称紫宫，是天帝的居室。把未央宫称为紫宫，代指人间皇帝的宫城。　　

高贵豪华的皇宫典范

汉未央宫总体布局呈长方形，四面筑有围墙，周长 14 千米，利用龙首山的地势为台殿，高出长安城。

宫城之内的干路有 3 条，两条平行的东西向干路贯通宫城，中部有一条南北向干路纵贯其间。两条东西向干路将未央宫分为南、中、北 3 个区域。

未央宫有前殿、宣室、麒麟、金华等主殿，以及寿成、万岁、广明、椒房、清凉、温室等 32 配殿；还有天禄阁、朱雀堂、画堂、甲观等附属建筑。

前殿是未央宫最重要的主体建筑，凡皇帝登基，朝国群臣，皇家婚、丧大典大礼等均在此殿举行。因此它居全宫的正中，东西约 167 米，周围台殿 43 座、宫 13 座、池 1 个。

武帝修缮后的未央宫，以清香名贵的木兰为栋橼，以纹理雅致的杏木作梁柱，屋顶橼头贴敷有金箔，门扉上有金色的花纹，门面有玉饰，装饰着鎏金的铜铺首，镶嵌着各色宝石。

前檐橼端上以璧为柱，回廊栏杆上雕刻着清秀典雅的图案，窗为青色，雕饰着古色古香的花纹。

殿前左为斜坡，殿阶为红色，以乘车上，右为台阶，供人拾级。础石之上耸立着高大木柱，紫红色的地面，金光闪闪的壁带，间以珍奇的玉石，清风袭来，发出玲珑的声响。

前殿作为西汉一代大朝之地，其建筑之豪华为其他宫殿所莫及。其西侧建有中央官署、少府等皇室官署；西南侧为皇宫池苑区，建有沧池、渐台等。这种主要宫殿居中、居高，辅助宫殿居后及两侧的建筑配置，成为后世皇宫布局的典范。

前殿北侧为椒房殿，是皇后居住的地方。

更北处，则是中国最早的国家图书馆——天禄阁和中国最早的国家档案馆——石渠阁。

宣室为未央宫正堂，是皇帝日常起居的地方。

温室殿，在未央宫殿北，皇帝冬天取其温暖居于此殿。温室以椒涂壁，再饰一层文绣，以香柱为柱，设火齐屏风、鸿羽帐，地上铺以毛织地毯。

清凉殿也在未央宫殿北，为皇帝夏居之殿，它以画石为床，设紫瑶帐，殿内盛夏时仍如同含霜，清凉无比。

桂宫位于未央宫北，也是皇帝日常居住的地方，用紫房复道与未央宫相连。宫内有武帝喜爱的七宝床、杂宝案、厕宝屏风、列宝帐4件宝物，因此又叫四宝宫。

后宫武帝时有八殿，后又增修了十几个殿，殿名颇为雅致，如兰林、飞翔、茝若、椒风、蕙草等。

除后宫区以外，如月影台、云光殿、九华殿、鸣鸾殿、开襟阁、临池观等，也是藏娇纳艳之处。

未央宫遗址

"千门万户" 建章宫

建章宫是汉武帝在位时所建，规模比未央宫还大，有"千门万户"之称，史书上记载有前殿、太液池、神明台、双凤雀等，可惜其宫殿建筑毁于新莽末年战火中。弄清建章宫的规模、地址、形制等，为认识西汉皇宫建筑布局提供了宝贵资料。

皇家的求仙纳美之处

建章宫遗址位于今西安市三桥镇北的高堡子、低堡子等村一带，在汉长安城直城门外的上林苑中。

汉武帝于太初元年（前104），有一日，未央宫中的柏梁台失火被焚，武帝大怒，查找原因也不可知。事后一个南粤巫师站出来告诉武帝："若在我的老家，失火之后要建一座比失火建筑更大、更华丽的建筑将火魔活活气死后，就可保平安无事。"于是，汉武帝下令在未央宫西、长安城外建造建章宫。

由此可见，建章宫本为武帝为求仙所造，高大的阙门外那迎风而立的铜凤，就表达着汉武帝要与仙人相见的意愿。据《三辅黄图》载："周二十余里，千门万户。"

未建成时，武帝仍住在未央宫。为了往来方便，跨城筑有飞阁辇道，可从未央宫直至建章宫，建章宫建筑组群的外围筑有城垣。

建章宫建成之后，武帝就在这里处理朝政，很少去未央宫了。后来建章宫也成了选养美女的地方。武帝命将燕、赵地区20岁以下、15岁以上的美女纳入此宫中，年满30的出嫁，亡者递补。

武帝之后的昭帝也在建章宫里待了一段时间，直到元凤二年（前79）才搬回了未央宫。此后，建章宫就等同于上林苑中一座离宫别苑了。

直到王莽地皇元年（公元20）将建章宫中大部分宫殿拆除，木料等拉到安门南盖了王莽九庙，这样算来建章宫共存世125年。

建章宫图

"千门万门"的皇家宫苑

从史书上来看，汉时的建章宫规模宏大无比，整体布局是从正门圆阙、玉堂、建章前殿和天梁宫形成一条中轴线，其他宫室分布在左右，全部围以阁道。

中轴线上有多重门、阙，正门称"阊阖"，也叫璧门，高25丈，是城关式建筑。后为玉堂，建于台上。屋顶上有铜凤，高五尺，饰黄金，下有转枢，可随风转动。

在璧门北，起圆阙，高约83米，其左有别凤阙，其右有井干楼。进圆阙门内200米左右，最后到达建在高台上的建章前殿，气魄十分雄伟。

宫城中还分布众多不同组合的殿堂建筑。璧门之西有神明，台高约17米，上有承露盘，一位铜仙人手把铜盘玉杯，以承云表之露。汉武帝以此露和玉屑服之，冀求长生。

建章宫北为太液池，是一个相当宽广的人工湖，渐台高约67米，因池中筑有蓬莱、方丈、瀛洲三神山而著称。这种"一池三山"的布局对后世园林产生深远影响，并成为创作池山的一种模式。

宫城西面为唐中庭、唐中池。岸边满布水生植物，平沙上禽鸟成群，生意盎然，开后世自然山水宫苑的先河。

"中国的金字塔"——汉武帝茂陵

茂陵是汉武帝刘彻的陵墓，是规模最大的西汉帝王陵，被誉为"中国的金字塔"。茂陵陪葬墓有"象征"意义，如卫青墓、霍去病墓、李夫人墓等。茂陵的群雕兽像、人兽相搏等艺术造型，是十分珍贵的大文化遗产，堪称"国之瑰宝"。

规模最大、耗时最久的西汉帝陵

汉武帝刘彻是中国历史上的一代英明之主，他在位期间，西汉的政治稳定，经济繁荣，国力强大。汉武帝在加强中央集权的同时，也致力于加强国防建设，北征匈奴、南伐两广和西南少数民族地区，开创了西汉帝国的盛世。

这样一位雄才大略的帝王，在不断开疆拓土的同时，营造自己的地下帝国时想必也一定是绞尽脑汁，无所不用其极，这也开创了汉时的厚葬之风。

据汉书记载，茂陵始建于汉武帝即位后的第二年（前139），当时武帝刚满17岁。传说他在一次打猎的过程中经过茂乡附近，发现了一只麒麟状的动物和一棵长生果树，便认定这是一块风水宝地，于是下诏将此地圈禁起来，开始营造陵墓。

据说，因茂陵工程巨大，自开始筹建时，施工人员和监管官吏众多，工地周围很快成为繁华闹市。

在茂陵工程进行到第二个年头的时候，汉武帝决定在与茂陵相隔数里之处成立茂陵邑。他让一些汉初的功臣贵族及富豪搬迁到茂陵邑，当时搬迁定居的文武高官、富绅儒士多达6万户，如董仲舒、司马相如、司马迁等都先后携家迁到此地定居。

这座宏伟的帝王陵墓前后历时53年才修建完工，耗费的人力、物力更是超乎想象。当时汉武帝动用了全国赋税总额的三分之一作为建陵和征集随葬物品的费用。

汉武帝茂陵　　　建陵时，还曾从各地征调建筑工匠、艺术大师 3000 余人，工程规模之浩大，世所罕见。

"中国的金字塔"

茂陵是汉代帝王陵墓中规模最大、修造时间最长、陪葬品最丰富的一座，被称为"中国的金字塔"。

这座巨大封丘高 46.5 米，顶端东西长 39.25 米，南北宽 40.6 米，总占地面积 5 万多平方米；四周呈方形，平顶，上小下大，形如覆斗，这种"金字塔"形显得庄严稳重。

当年的茂陵除了金字塔状的大型封土之外，在它的周围还有华美壮丽的陵阙、殿阁、房舍等，分为茂陵园和茂陵园区，也叫内城和外城，内城以宫殿、堂馆等建筑为主，外城内则包括各种等级的陪葬墓，方圆可达数十平方千米。

陵园四面中央各辟有一门，各门距陵墓封土均为百米左右。门外置双阙，每对间距为 12~16 米。

陵园附近修建有相应的寝园，构成富丽堂皇的庙堂宫殿。原殿堂已不存，但出土了大量西汉时期的建筑材料，其中有虎纹和玄武纹条砖，丹凤纹和龙骨纹空心画像砖，大型青玉兽纹辅首和琉璃壁等。

茂陵的核心建筑是规模宏大的地宫。据《汉旧仪》载：地宫占地一顷（6万多平方米），深十三丈（43米），墓室高一丈七（5米），每边长二丈（6米），墓室四面各设有能通过6匹马驾之车的墓道。各墓道门还埋设暗剑、伏弩等机关以防盗。

《汉书·贡禹传》记载，"武帝弃天下，霍光专事，妄多藏金钱财物，鸟兽钱鳖牛马虎豹生禽，凡为九十物，尽瘞藏之"。可见墓中陪葬品的数量之丰。

由于陪葬物品多，墓内放不下，许多物品只好放入陵园内，以致西汉末年农民起义军打开茂陵园羡门，成千上万的农民搬了几十天，园中陪葬物还"不能减半"。1981年，在茂陵东侧出土200多件珍贵文物，其中有鎏金铜马、鎏金鎏银竹节熏炉等稀世珍品。

茂陵之所以名扬海内外，还在于它那数量宏大的陪葬陵墓。据文献记载，陪葬茂陵的有公孙弘、上官安、上官桀、敬夫人、李延年等。

霍去病墓

目前共发现了13座茂陵陪葬墓，除武帝宠爱的李夫人墓在茂陵西北外，其余陪葬墓均在茂陵以东；能确定名位的有：卫青墓、霍去病墓、金日磾墓和霍光墓。

另外，茂陵的群雕兽像、人兽相搏的艺术造型，也是汉武帝留在茂陵的十分珍贵的文化遗产，是空前启后的"国之瑰宝"。在14件巨雕作品中有12件被国家文物局鉴定为"国宝"，特别是"马踏匈奴""跃马""卧马"最受历代学者和游人的推崇。

第三章
魏晋南北朝时期的建筑

位于甘肃西部敦煌的石窟寺庙多半于公元 400 年开始建造，工程最初由当地僧侣发动，前后持续了数世纪之久。当时的多半敦煌居民可能不是汉人，因此早期的石窟装饰表现出强烈的异族风格，与流行于西方其他沙漠城镇如车库、和阗的佛教艺术有联系。

——《剑桥中国史》

中国四大石窟

四大石窟指的是以中国佛教文化为特色的巨型石窟艺术景观，包括敦煌莫高窟、大同云冈石窟、洛阳龙门石窟和天水麦积山石窟。四大石窟以其优美的风景、深厚的佛教文化和精美绝伦的雕塑，成为中国古代汉族传统建筑艺术的历史瑰宝。

世界艺术宝库——莫高窟

莫高窟又名"千佛洞"，位于敦煌市东南25千米处，大泉沟河床西岸，鸣沙山东麓的断崖上。它是世界上现存规模最宏大、保存最完好的佛教艺术宝库，被联合国教科文组织列为世界文化遗产。

莫高窟以后经过历代的修建，迄今保存有北凉至元代多种类型的洞窟700多个，壁画50110平方米，彩塑2700余件，唐宋木结构建筑5座，莲花柱石和铺地花砖数千块，是一处由建筑、绘画、雕塑组成的博大精深的综合艺术殿堂和佛门圣地。

整个洞窟一般前为圆塑，而后逐渐淡化为高塑、影塑、壁塑，最后则以壁画为背景，把塑、画两种艺术融为一体。

敦煌莫高窟

佛教建筑"中国化"的典范——云冈石窟

云冈石窟位于山西省大同市以西 16 千米处的武周山南麓，始凿于北魏兴安二年（453），大部分完成于北魏迁都洛阳之前，造像工程则一直延续到正光年间（520—525）。

云冈石窟的造像气势宏伟，内容丰富多彩，堪称公元 5 世纪中国石刻艺术之冠，被誉为中国古代雕刻艺术的宝库。

按照开凿的时间，石窟可分为早、中、晚三期，不同时期的石窟造像风格也各有特色。

其中早期的"昙曜五窟"气势磅礴，布局设计严谨统一，具有浑厚、纯朴的西域情调，是中国佛教艺术第一个巅峰时期的经典杰作。

云冈中期石窟，堪称是石窟艺术"中国化"的开始。此时出现的中国宫殿建筑式样雕刻，以及在此基础上发展出的中国式佛像龛，在后世的石窟寺建造中得到广泛应用。

云冈晚期石窟的窟室布局和装饰更加突出地展现了浓郁的中国式建筑、装饰风格，反映出佛教艺术"中国化"的不断深入。

中国石窟艺术的最高峰——龙门石窟

龙门石窟位于洛阳市区南面 12 公里处，分布于伊水两岸的崖壁上，南北长达 1 千米。始凿于北魏年间，先后营造 400 多年，是北魏、唐代皇家贵族发愿造像最集中的地方。皇室贵族拥有雄厚的人力、物力条件，所主持开凿的石窟必然规模庞大，富丽堂皇，汇集当时石窟艺术的精华，因而龙门石窟是十分具有代表性的。

如武则天执政时期，她长期住在洛阳，开凿的石窟占唐代石窟的多数，其中奉先寺是最具有代表性的唐窟，建筑规模之大在龙门石窟中堪称第一。洞中佛像明显体现了唐代佛像艺术特点，面形丰肥、两耳下垂，形态圆满、安详，极为动人。

石窟正中高 17.14 米的卢舍那佛坐像为龙门石窟的最大佛像，造型丰满，仪表堂皇，衣纹流畅，具有高度的艺术感染力。

龙门石窟

龙门石窟现存窟龛 2300 多个，雕像 10 万余尊，规模宏大，气势磅礴，展现了中国北魏晚期至唐代最具规模和最为优秀的造型艺术，代表了中国建筑、石刻艺术的最高峰。

典型的汉式崖阁建筑——麦积山石窟

麦积山石窟位于甘肃省天水市东南方 50 千米的麦积山乡南侧的一座孤峰上，始创于十六国后秦，尔后屡有修葺扩建，至隋代基本建成，并完整保留至今。麦积山石窟现存洞窟 194 个，其中有从 4 世纪到 19 世纪以来的历代泥塑、石雕 7200 余件，壁画 1300 多平方米，成为闻名世界的艺术宝库之一，被称为"东方雕塑馆"。

麦积山石窟的一个显著特点是，洞窟均建筑于极其惊险的悬崖峭壁之上，洞窟之间全靠架设在崖面上的凌空栈道通达。古人曾称赞这些工程："峭壁之间，镌石成佛，万龛千窟。碎自人力，疑是神功。"可见当时修建栈道工程之艰巨、宏大。

在麦积山这种艰险的悬崖上，有很多修成别具一格的"崖阁"。在东崖泥塑大佛头上 15 米高处的七佛阁，是中国典型的汉式崖阁建筑，建在离地面 50 米以上的峭壁上，开凿于公元 6 世纪中叶。

另外还有建于 70 余米高的峭壁上的七佛阁，阁上塑像俊秀，过道顶上残存的壁画精美绝伦，其中西端顶部的车马行人图无论从哪个角度看车马所走方向均不相同，堪称国内壁画构图的经典之作。

艺术的圣殿——敦煌莫高窟

敦煌莫高窟是全人类的瑰宝，是集建筑、雕塑、壁画三位一体的艺术宝窟，现存有 500 多个洞窟。这些洞窟是在中原汉民族和西域兄弟民族的艺术优良传统的基础上，吸收并融合了外来文化的表现手法，发展成为具有地方特色和民族风格的建筑艺术。

源于印度佛教石窟

公元 1 世纪左右，佛教从印度传入中国，佛教的建筑和艺术也随之在中国发展起来。敦煌在古代是东西方文化交流的枢纽，从内地经新疆到印度、波斯等国家都要经过敦煌。敦煌也因为便利的地理位置，成为中亚文化及印度佛教传入中国内地的第一站，此地的佛教文化比其他各地更深入。

敦煌莫高窟的开凿，就是师承印度佛教徒开凿石窟的修行方法。石窟在古印度时，由佛教徒在坚硬的山岩峭壁上开凿，以供僧人修行或信徒进行宗教仪式之用。这种石窟的建筑与雕刻风格随着佛教的传播，也传遍亚洲各国。

莫高窟的第一个石窟，修凿于前秦建元二年 (366)。有一天黄昏时候，一位名为乐尊的和尚云游来到莫高窟，他回首西望，落日的红光照耀着古老的三危山，山顶上射出万道金光。于是，他决定在三危山对面的岩壁上修凿一个洞窟。

渐渐地，随着信佛的人越来越多，在敦煌开凿的洞窟也就一天比一天多了。中国古代的艺术家巧妙地把建筑风格的时代性和外来石窟艺术的精华融入固有的艺术传统，创造出莫高窟这一具有新的民族特色的卓越艺术品。

独具风格的建筑艺术

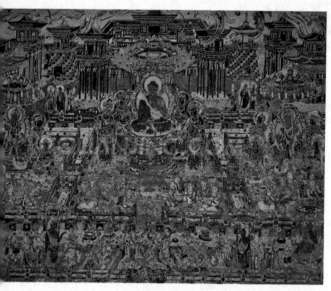

敦煌莫高窟壁画

莫高窟是一座融绘画、雕塑和建筑艺术于一体的大型石窟寺。其石窟建筑艺术堪称一绝，形制主要有禅窟、中心塔柱窟、覆顶殿堂窟、中心佛坛窟、大像窟、涅磐窟等。

禅窟也叫印度僧房式禅窟，这是从西域传来的印度佛教石窟窟形，其石窟平面呈长方形或甬道形，主室有壁画和塑像，两侧开凿有2~4个供僧侣坐禅之用的小禅室。

中心塔柱窟是一种常见的窟形，其平面呈长方形，前厅有仿殿堂的人字坡屋顶，后为中心柱，具有敦煌本地特征。

覆顶殿堂窟也叫殿堂窟，此类窟形的平面呈方形覆斗顶，正壁或三壁开龛，窟内活动空间很大，便于信徒的跪拜与祈祷。

中心佛坛窟的窟室呈矩形平面，覆斗顶，窟顶四角常有稍凹进之弧面，四壁不开龛，后部中央砌有马蹄形大佛坛，坛上塑佛、菩萨、众弟子及天王像。

大像窟又称大佛窟，因在洞窟内凿、塑巨大的弥勒佛像而得名。这些佛像的制作都是从窟前和窟顶两处动工，依崖凿造出佛像的石胎，然后在佛像身上敷泥、彩绘。

涅槃窟是为了宣传"涅槃"思想而开凿的特殊窟形。涅槃窟整体的空间类似于棺椁的形状，主尊佛侧卧于正壁的横榻之上。这是中国特有的洞窟类型。

这些石窟由于各自开凿的年代相距久远，所以形态和大小各不相同。此外，石窟群外原来建有木造殿宇，互相之间有走廊、栈道等相连。

"天下江山第一楼"——黄鹤楼

黄鹤楼建在城台上，濒临万里长江，雄踞蛇山之巅，挺拔独秀，辉煌瑰丽。其建筑特色是各层大小屋顶，交错重叠，翘角飞举，仿佛是展翅欲飞的鹤翼。楼层内外绘有仙鹤为主体，云纹、花草、龙凤为陪衬的图案。

天下绝景　国运承系

黄鹤楼位于湖北省武汉市长江南岸的武昌蛇山峰岭之上，享有"天下江山第一楼""天下绝景"之称。

据唐代《元和郡县图志》记载，三国时代东吴黄武二年（223），孙权始筑夏口故城，"城西临大江，江南角因矶为楼，名黄鹤楼"。可见当时是为了军事目地而建。

但是，黄鹤楼的来源还有其他多种说法。如据《极恩录》记载，原为辛氏开设的酒店，曾有道士在辛氏酒店的墙上画了一只会跳舞的黄鹤，店家生意因此大为兴隆。10 年后道士重来，用笛声招下黄鹤，乘鹤飞去，辛氏遂出资建楼。

另外据说，自北宋之后还曾作为道教的名山圣地，是吕洞宾传道、修行、教化的道场。如《道藏·历世真仙体道通鉴》言："吕祖以五月二十日登黄鹤楼，午刻升天而去。故留成仙圣迹。"

这些神话和传说的确很生动有趣，但黄鹤楼楼名真正的由来经历代考证都认为，是因为它建在黄鹄山上，古代的"鹄"与"鹤"二字一音之转，互为通用，故名为"黄鹤楼"。

确切可知的是，黄鹤楼在唐永泰元年（765）已具规模。但由于历代战火频繁，黄鹤楼屡建屡废，仅在明清两代就被毁 7 次，重建和维修了 10 次，因此又有"国运昌则楼运盛"之说。

黄鹤楼最后一座建于同治七年（1868），光绪十年（1884）再次被毁。遗址上只剩下清代黄鹤楼毁灭后唯一遗留下来的一个黄鹤楼铜铸楼顶。

新中国成立后，1981 年 10 月，黄鹤楼重修工程破土开工；1985 年

黄鹤楼　　6 月落成，主楼以清同治楼为蓝本，但更高大、雄伟。

如画江山尽入楼

黄鹤楼主楼高 49 米，古时"凡三层，计高 9 丈 2 尺，加铜顶 7 尺，共成九九之数"。新楼共 5 层，加 5 米高的葫芦形宝顶，共高 51.4 米。古楼底层"各宽 15 米"，而新楼底层则是各宽 30 米。

黄鹤楼的建筑形制为攒尖顶，层层飞檐，四望如一。底层外檐柱对径为 30 米；二、三、四层外有四面回廊，可供游人远眺；五层为瞭望厅，可在此观赏大江景色；附属建筑有仙枣亭、石照亭、黄鹤归来小景等。远远望去整座楼，形如黄鹤，展翅欲飞。整座楼的雄浑之中又不失精巧，富于变化的韵味和美感。

黄鹤楼的形制自创建以来各朝皆不相同，但都显得高古雄浑，极富个性。与岳阳楼、滕王阁相比，黄鹤楼的平面设计为四边套八边形，谓之"四面八方"。这些数字透露出古建筑文化中数目的象征和伦理表意功能。

恒山“第一胜景”——悬空寺

悬空寺是一座集建筑学、力学、美学、宗教学等为一体的伟大建筑。它的四十间殿阁利用力学原理，半插飞梁为基，巧借岩石暗托，梁柱上下一体，廊栏左右相连，曲折出奇，堪称世界建筑史上的奇迹。

悬壁而“挂”的建筑艺术

悬空寺位于山西省大同市浑源县恒山金龙峡西侧翠屏峰的峭壁间，原叫“玄空阁”，“玄”取自于中国传统宗教道教教理，“空”则来源于佛教的教理；后来因为整座寺院就像悬挂在悬崖之上，改名为“悬空寺”。因此，它是中国仅存的佛、道、儒三教合一的独特寺庙。

恒山连绵数百里，主峰天峰岭之西的翠屏山峭壁千丈，一条浑水从峡谷中流过，地势十分险要。

约在 1400 年前的北魏后期，一队工匠来到这人迹罕至的翠屏山。他们用粗绳子将自己从悬崖顶上吊下来，在翠屏峰土黄色的峭壁上，根据道家“不闻鸡鸣犬吠之声”的要求，修建了一座“悬空”寺。

当地民谣说：“悬空寺，半天高，三根马尾空中吊。”这说明了悬空寺的一大特点就是，整个寺庙“挂”在绝壁上，它上不摩天，下不接地，红墙碧瓦，五彩装饰，十分美丽。

金、明、清三个朝代都曾经重修过悬空寺。至今，悬空寺仍然紧紧地矗立在翠屏山的峭壁上，向世人展现着古人高超的建筑艺术。

力与美相组合的建筑奇观

悬空寺是一个建筑群，可分为 3 组，每组都有上下左右的楼阁，形成三足鼎立之势。3 组建筑群共有大小不等的近 40 座殿阁楼台，利用力学原理，半插飞梁为基，紧贴着岩壁南北向一字排开，建在 152.5 平米面积之上。

悬空寺整体格局既不同于平川寺院的中轴突出、左右对称，也不同于

悬空寺　在山地上建的宫观依山势逐步升高，而是巧依崖壁凹凸，审形度势，顺其
自然，凌空而建。

悬空寺的建筑以"奇、险、巧、奥"为基本特色。其建筑之奇、结构
之巧、选址之险、内涵之深奥，实为世界一绝。

悬空寺内有铜、铁、石、泥佛像八十多尊，有泥塑的、石刻的，还有用铜、
铁浇铸的。由于悬空寺是依壁而建，因此没有后墙，塑像也与石壁浑然
一体：有的隐居凹处，好像在山洞里；有的紧靠石壁，显得端庄大方，
气度不凡。

悬空寺三教殿整个殿楼是在绝壁上凿石为基。但这地基只是一条窄窄
的石坎，并不能承载全部，殿楼只在地基上挂了半边。从外观上看，殿楼
下面有几根木柱子支撑着，既无础石，又无钉契。殿内的木柱子也同样纤
细修长，明显承受不了重压。

三教殿之所以能够如此稳固，真正的奥妙在寺里。当初建寺时，在峭
壁上凿了许多小孔，横向打入一排排木桩作为另一半的"地基"。

这个办法，同样用于屋顶、屋腰，使三教殿等殿楼被上拽、中拉、下
挑三种力作用，确保了稳固。这是中国古代建筑师们运用力学原理解决复
杂的结构难题的一个优秀范例。

悬空寺的建筑结构具有极为良好的稳定性，1400多年来，始终"悬"
而不掉。

"天下第一名刹"——少林寺

少林寺是中国的禅宗祖庭，也是中华武术圣地，自古就有"禅宗祖庭，天下第一名刹"之誉，与白马寺、相国寺、风穴寺并称"中原四大名寺"。少林寺寺院历史建筑群在中国建筑史和世界建筑史上占有独特的地位。

禅宗祖庭　武术圣地

名扬中外的少林寺，位于河南省登封县城西北 13 千米的少室山阴五乳峰下，是始建于北魏太和十九年（495）的一个古刹建筑群。

魏孝文帝（467—499）是北魏王朝的第六位皇帝，他笃信佛教，496 年印度僧人佛陀来洛阳传法，孝文帝很重视，敕令在少室山北麓为他们修建寺庙。因寺庙建于少室山密林深处，遂命名为"少林寺"。孝文帝可以说是少林寺的首建者。

少林寺自此出现在历史的长河中。此后，少林寺经过历朝历代的修缮，渐成后世规模。

少林寺真正出名的原因有二：一是它乃禅宗祖庭；二是因为它为武术圣地。

北魏孝明帝孝昌三年（527），梵僧达摩来到少林寺内，面壁 9 年，创立了禅宗。后来禅宗在我国长盛不衰，达摩被认为是始祖，少林寺就被认作是禅宗祖庭。

北周建德三年 (574)，周武帝宇文邕禁灭佛道，少林寺被毁。周静帝宇文衍于大象年间 (579—580) 重修少林寺。隋开皇年间 (581—600)，少林寺获赐良田百顷，成为北方一大禅寺。

隋末，王世充部占领了原属少林寺庙产的相谷坞，火焚少林寺塔院和附近的殿堂屋宇。唐初，因"13 棍僧救唐王"，助战李唐政权有功，得到唐太宗李世民的封赏，几次修整少林寺，发展到鼎盛时期。

至玄宗年间，少林寺内建筑当时达 5000 余间，聚集僧徒千余人，少林寺从此以武术圣地声名远播。

少林寺正门

唐武宗灭法，毁掉了少林寺中许多殿宇、佛像。直到元代裕公主持少林寺期间，才兴建了藏经阁和许多殿宇，使得少林寺得以重振。明代时又重修了藏经阁、千佛殿、立雪亭等，奠定了今日少林寺之规模。

至清末，少林寺仍保存有六进院落之规模。1928 年，军阀石友三再次烧毁少林寺大雄宝殿、天王殿等主要建筑，少林寺内建筑近半被焚。

新中国成立后，政府多次拨款，重新修建了少林寺建筑群。

规模庞大的少林寺建筑群

少林寺建筑群主要包括三部分：常住院、塔林和初祖庵。

少林寺主体为常住院，也就是人们通常所说的少林寺。在常住院内，是呈中轴线一字排开的建筑，由南向北依次是山门、天王殿、大雄宝殿、法堂、方丈院、立雪亭、千佛殿，通常称这 7 座建筑为 7 进。

山门是第 1 进，面阔 3 间，进深 3 间，单檐歇山顶。山门内塑有弥勒佛和韦驮像。进山门中为甬道，两侧有马道。

天王殿是第 2 进，面阔 5 间，进深 4 间，重檐歇山绿色琉璃瓦顶。

大雄宝殿是第 3 进，左右两厢自南而北为钟楼、鼓楼。

法堂是第 4 进，又名藏经阁，是少林寺珍藏珍贵文献的地方。

方丈院为第 5 进，主室面阔 5 间，硬山式建筑。

立雪亭为第6进，又名达摩亭，相传是禅宗二祖慧可向初祖达摩求法的地方。立雪亭面阔3间、进深3间，单檐庑殿顶，殿内佛龛内供达摩铜像。

千佛殿为第7进，又名毗卢殿，创建于明万历十六年（1588），其规模是少林寺现有建筑中最大的。千佛殿面阔7间，硬山式建筑，殿内明间佛龛中供有铜铸毗卢像，殿内地面上有48个武僧练功的站桩脚窝。

大殿东厢为白衣殿，西厢为地藏殿。白衣殿面阔5间，硬山，出前廊，殿内佛龛中供铜铸白衣菩萨像。地藏殿，建筑形式同白衣殿，殿内塑地藏王像。

另外，少林寺内还留有唐太宗、苏轼、蔡京、米芾、赵孟頫、董其昌等历代名家之碑碣，以及达摩一苇渡江阴刻画像碑。

塔林在常住院西300米处，保存了唐代至清代各种类型的古塔200多座。这里有唐代和宋代的单层墓塔，也有唐宋时期的密檐塔，还有不少仿

少林寺武僧

少林寺塔林　　木楼阁的塔。这些种类繁多的古塔及塔上保留的许多早期石刻的门窗、装饰，是我国古建筑的宝藏。

初祖庵位于常住院西北两里处的一座小丘上，庵内原有山门、大殿、千佛阁，现仅存一座大殿和两座小亭。

初祖庵大殿面阔 3 间、进深 3 间，是河南省现存的唯一北宋木结构建筑，其正立面采用板门、直棂窗，台基采用双陛踏道，侧面砌成"象眼"，以及斗栱的布置和斗栱的细部尺寸、组合方式等，均与宋代著述《营造法式》规定吻合。

第四章
隋唐时期的建筑

五台山南禅寺大殿，是中国现存最古老的建筑物之一。约建于 854 年后不久，当时刚刚停止灭佛。在建于远离都市、位居深山的寺庙中，或许以山西五台山的香火最盛。五台山的佛寺声名远扬，以至于在千万里之外的甘肃敦煌 61 号窟的一幅壁画也描绘了它。

——《剑桥中国史》

"天下第一桥"——赵州桥

赵州桥建于隋朝大业年间，距今已有约1400年的历史，是目前世界上保存的最古老的一座石拱桥。赵州桥既是土木建筑史上一项划时代的工程，又是一件高度的科学性和完美的艺术性相结合的文化瑰宝。

赵州桥设计建造独具匠心

赵州桥坐落在河北省赵县，原名安济桥，因桥体全部用石料建成，又俗称"大石桥"。它横跨洨河南北两岸，于隋代开皇十五年（595）开始建造，建成于大业初年（605），迄今已有约1400年历史，是世界上第一座敞肩式单孔圆弧形石拱桥。

隋朝统一中国后，天下稳定，社会经济迅速发展。当时的河北赵县是南北交通必经之路，交通十分繁忙。可城外的洨河的阻断，严重影响了南来北往人们的通行，每当洪水季节甚至不能通行，为此隋朝朝廷决定在洨河上建一座桥。

著名匠师李春受命负责设计和大桥的施工。他对洨河及两岸地质等情况进行了实地考察，选择了洨河两岸较为平直的地方建桥，提出了独具匠心的设计方案，按照设计方案精心细致施工，很快就出色地完成了建桥任务。

首先来说，赵州桥所处位置其地层表面是久经水流冲刷的粗沙层，以下是细石、粗石、细沙和黏土层。这样的地层承重力较大，能够满足大桥的要求。

赵州桥自建桥到现在，桥基仅下沉了5厘米，说明李春当初选址的正确性。

赵州桥最大的特点是石拱桥。拱桥在竖直平面内以拱作为结构承重构件，巧妙设计的桥梁，能够把竖直向下的纵向力通过桥身内力转化成横向的力，最后将力作用到两边的基体，这样一来，拱桥这种桥梁就变得十分坚固、耐用。

拱桥是我国最常用的一种桥梁型式，其式样之多，数量之大，为各种 赵州桥
桥型之冠。由于我国是一个多山的国家，石料资源丰富，因此拱桥一般以
石料为主。

石拱桥是拱桥的最早类型，也是最常用的类型。石拱桥也是世界桥梁
史上出现得比较早的一种桥型，结构坚固，能经久耐用数百年，甚至于上
千年。

晋代以后的石拱桥，最古老的便是赵州桥了。赵州桥在它之前，与它
同时和较后的一些石拱桥多已坍落，唯有赵州桥历时1400多年而依旧坚固，
它的跨度之大、技术之精、桥型之美也都是首屈一指的。

完美精绝的建造工艺

赵州桥的石工工艺堪称一绝。赵州桥的台基也只用了五层料石砌成，
厚约1.55米，直接放在承重力不大的亚黏土基底上。1400多年来，历经
几十次地震和许多次大小战争仍无损坏，也没有明显的沉陷。如此高的技
术水平，即使在现代，也是不容易做到的。

赵州桥还是一件高度的科学性和完美的艺术性相结合的文化瑰宝。桥
上两侧的石栏板和柱子，雕刻着各式各样的蛟龙和花饰，是罕见的隋代石
刻精品。

赵州桥又是单孔圆弧形石拱桥。它全长50.82米，却只有一个大圆弧拱。
不过它不是普通的半圆形，而是像一张弓，既可以大幅度地降低桥梁高度，

又可以取得更大的跨度，是拱桥技术的一个创新。

此外，赵州桥还创造性地在大拱的两肩上对称地垒架了4个小拱。靠河岸的两个小拱较大，净跨度约4米。靠河中心的两个小拱较小，净跨度约2.7米。这种创造性的设计，一方面节约了许多石料，另一方面增加了泄水通道，有助于应付洨河夏秋时节的暴发性山洪，增强了桥梁的安全性。

赵州桥的大拱 与小拱

赵州桥这个大拱跨度达37.02米，创造了大拱跨径的世界纪录，而且它保持这个世界纪录长达730余年，直到1339年法国的赛兰特桥的出现。

当时李春就地取材，选用附近州县生产的质地坚硬的青灰色沙石作为建桥石料，在大拱砌置方法上，均采用了"纵向并列砌拱法"，即顺着桥的方向砌置，把大拱和小拱都纵向分为28道各自独立的拱券，沿宽度方向并列组合，每券砌完全合拢后就成一道独立拼券，砌完一道供券，再砌另一道相邻拱。

这种砌法，使每道拱圈都能独立支撑上面的重量；并且利于桥的维修，一道拱券的石块损坏了，只要嵌入新石，进行局部修整就行了，其余各道不受影响。

贯通南北的京杭大运河

　　贯通中国南北的京杭大运河是世界上里程最长、工程最大的古代运河，也是古老的运河之一。京杭大运河的开凿，破解了一系列的科学技术难题，是历代运河工程建设的集大成者，是世界航运工程建筑史上的杰作。

古代水运使大运河应运而生

　　公元581年，隋文帝杨坚统一了中国。开皇四年（584），隋文帝下令开挖广通渠，把渭水从大兴城（今西安市）引到了潼关。广通渠修成后，关内的水路运输变得十分便利。

　　开皇七年（587），隋文帝下令开通了山阳渎。山阳渎南起江都（今江苏扬州），北至山阳（今江苏淮安），沟通了长江、淮河两大水系。

　　水路运输是古代一项非常重要的运输方式。古时候，在陆地上运送货物全靠人力和牛、马等畜力，速度慢，运输量小。所以，要运送粮食、木料、绢匹等大宗货物，最理想的还是水运。

　　中国的地势西高东低，绝大多数河流都是从西向东流的。这样，就需要有一条南北方向的通畅水路，来满足南来北往的交通运输需要。

　　运河，就是为满足这种需要而由人工开凿的新水道。中国从北到南的海河、黄河、淮河、长江、钱塘江五大水系之间，有许多相距并不太远的支流，只要加以沟通，船只就可以南下杭州，北上京津。

　　其实早在春秋时期，大运河的开凿就已经开始了。公元前486年，吴王夫差开凿了邗沟；公元前300年，魏惠王开凿了鸿沟；秦始皇时，在嘉兴境内开凿的一条重要河道，奠定了以后的江南运河走向。隋文帝的两次开凿，更加速了运河的进程。

　　隋炀帝杨广即位后，更大力推进运河的南北全线贯通。大业元年（605）、四年和六年，隋炀帝曾三次征召100多万民工，开挖通济渠、永济渠、江南河。

　　隋朝大运河的开凿，花了6年时间，终于大功告成。之后，自唐至明清，继续对大运河进行修整和疏浚，使全长达2000多千米的京杭大运河

京杭大运河夜景　　发挥着巨大的运输功能。

工程建设解决世界性难题

京杭大运河的建设，可以说是中国古代先人聪明才智的结晶。即使从现代的眼光来看，进行如此巨大的工程也是极不容易的。沿途经过各种复杂的地理环境，需要解决从设计、施工、测量、计算、机械、流体力学等一系列的科学技术难题。

总体来看，大运河的开凿与维护，破解了六大世界性难题：船队如何翻山越岭，向地势高的地方航行？如何解决航运水源？如何实现水量的合理分配与调节？如何实现运河与黄河、淮河的三河交汇并安全穿越？如何确保洪水期运道的航运安全？如何组织建设及管理这一庞大的工程系统？

为此中国人利用自己的智慧，开创了6项创新。

一、创建了梯级船闸工程系统。公元423年，扬州附近运河建造了运河工程上最早的两座斗门。公元984年，北宋创建了世界上最早的复式船闸真州闸。此后元、明时期，进一步发展了宋代的复式船闸，构成了梯级船闸，可以提升、降低水位，使得浩荡的运输船队得以平稳地翻山越岭，南下与北上。

二、是创建了南旺分水工程。京杭运河的分水岭选在了济宁以北的汶

58

上县南旺，并以此为基础，构建了完善的分水枢纽工程，实现了运河水"七分朝天子，三分下江南"的合理分流，解决了航运水源的难题。

三、创造了丰富多样的黄、淮、运交汇的枢纽工程。运河北上，淮河西来，黄河南下，三者交汇于今淮安的清口，三河的流向、泄洪、水位均不同，构成复杂的水系格局。为保障京杭大运河南下北上的漕运船队的安全畅通，人们因地制宜、因河制宜地创造了丰富多样的河运交汇工程措施，使船队得以安全通过运河。

四、发明了航运节水工程——澳闸。船闸每开闸一次，总是要泄走一部分水量。为进一步解决航运节水问题，北宋时期在淮扬河段又创建了节水型船闸——澳闸，使部分水量可以重复使用，实现了水量的合理分配与调节。

五、创建了航运安全工程体系。京杭大运河的一些河道在汛期都容易受到洪水的威胁。为保证河道的安全，在堤岸建设了滚水坝和减水闸，使航运安全有了保证。

六、创建了一整套工程建设管理系统。中国古人总结出一整套的京杭大运河的工程建设指挥体系、运河管理指挥体系、漕运运输指挥体系，为保证京杭大运河长久通畅提供了重要保障。

京杭大运河所经流域

"西江第一楼"——滕王阁

滕王阁是中国古典建筑的巅峰代表,为唐高祖李渊之子李元婴任洪州都督时所创建,为南方现存唯一一座皇家建筑。它又因"初唐四杰"之首的王勃一篇《滕王阁序》而得以名贯古今,誉满天下,历千载沧桑而美名不衰。

南方唯一现存皇家建筑

滕王阁位于江西省南昌市西北部沿江路赣江东岸,始建于唐朝永徽四年。贞观年间,唐高祖李渊之子、唐太宗李世民之弟李元婴曾被封于山东滕州,故称滕王,且于滕州筑一阁楼,取名"滕王阁"(已被毁)。后滕王李元婴调任江南洪州(今江西南昌),因思念故地滕州,又修筑了一座"滕王阁",从此成为南方唯一一座现存的皇家建筑。

历史上的滕王阁屡毁屡建,先后共重建达29次之多。又因王勃一首《滕王阁序》为后人所熟知,其中"落霞与孤鹜齐飞,秋水共长天一色"更是传诵千秋的经典名句,因此被誉为"西江第一楼"。

王勃的《滕王阁序》自然脍炙人口,被誉为"千古一序"。之后,王绪曾为滕王阁作《滕王阁赋》,王仲舒又作《滕王阁记》,传为"三王记滕阁"的佳话。后大文学家韩愈又作《新修滕王阁记》。从此,文以阁名,阁以文传,滕王阁历千载沧桑而盛誉不衰。

中国古典建筑的巅峰代表

滕王阁主体建筑净高57.5米,建筑面积13000平方米。其下部为象征古城墙的12米高台座,分为两级。台座以上的主阁从外面看是3层带回廊建筑,而内部却有7层,这是典型的"明三暗七"格式。

循南北两道石级登临一级高台。高台的南北两翼,有碧瓦长廊。长廊北端为四角重檐"挹翠"亭,长廊南端为四角重檐"压江"亭。从正面看,

南北两亭与主阁组成一个倚天耸立的"山"字；而俯瞰滕王阁，则犹如一只平展两翅的巨大鲲鹏。

二级高台的四周为花岗石栏杆，古朴厚重，与瑰丽的主阁形成鲜明的对比。

主阁的色彩绚烂而华丽，梁枋彩画采用宋式"碾玉装"为主调，辅以"五彩遍装"及"解绿结华装"。

一楼西厅是阁中最大厅堂；第二层是一个暗层；第三层是一个回廊四绕的明层；第四层与第二层建筑上看是相似的，也是一个暗层。

第五层与第三层相似，也是一个回廊四绕的明层，是登高览胜、披襟抒怀、以文会友的佳处。漫步回廊向四下眺望，可见江水苍茫，西山叠翠，南浦飞云，章江晓渡，山水之美，尽收眼底，令人心旷神怡。

第六层是滕王阁的最高游览层，其内虽是一个暗层，但中厅南北角重檐间的墙体改成了花格窗，故光线与明层无异。

大厅中央，有汉白玉围栏通井，上方有一圆拱形藻井，寓含天圆地方之意；24组斗拱由下至上共12层，按螺旋形排列，取意1年12个月、24个节气。

螺旋式藻井能给人以动感，凝神仰视，仿佛在不断旋转、不断变化，又给人以时空无限之感。

"世界第九大奇迹"——法门寺

法门寺在唐代被誉为"皇家寺庙"。法门寺地宫是世界上目前发现的年代最久远、规模最大、等级最高的佛塔地宫，有"关中塔庙始祖"之称，所盛释迦牟尼佛指舍利是世界上目前发现的有文献记载和碑文证实的佛门最高圣物。

皇家寺庙　佛门圣地

法门寺位于陕西省扶风县城北 10 千米的法门镇，据传始建于东汉明帝十一年（68），原名阿育王寺，寺因舍利而置塔，因塔而建寺。

佛祖释迦牟尼圆寂后，遗体火化结成珠状宝石物——舍利。公元前 3 世纪，阿育王统一印度后，将佛的舍利分成 84000 份，分送世界各国建塔供奉。

中国将所得分藏于 19 处，法门寺为第五处，故历史上有"关中塔庙始祖"之称。自此，历代皇家均尊奉法门寺佛指舍利为护国真身舍利。

公元 558 年，北魏皇室后裔拓跋育曾扩建该寺，并于元魏二年 (494) 首次开塔瞻礼舍利。隋文帝开皇三年 (583) 改称"成实道场"，仁寿二年 (602) 右内史李敏二次开塔瞻礼。

唐代诸帝笃信佛法，该寺大小乘并弘，显密圆融，虔诚供养佛指舍利，使法门寺成为皇家寺院及举世仰望的佛门圣地。

唐高祖李渊于武德七年 (625) 敕建并改名"法门寺"。贞观年间，唐太宗增修舍利塔为 4 层木塔；唐高宗显庆年间，又修成瑰琳宫二十四院，建筑极为壮观。

唐代 200 多年间，先后有 8 位皇帝每 30 年开启一次法门寺地宫，共六迎二送供养佛指舍利于皇宫供养。每次迎送声势浩大，朝野轰动，皇帝顶礼膜拜，等级之高，绝无仅有。

874 年正月四日，唐僖宗最后一次送还佛骨时，按照佛教仪规，将佛指舍利及数千件稀世珍宝一同封入佛塔下的地宫，佛塔被誉为"护国真身

法门寺

宝塔"。

之后，法门寺因安置佛祖释迦牟尼指骨舍利，为华夏历代王朝所拥戴，遂成为中国古代四大佛教圣地之一。

极具震撼力的佛教建筑

法门寺保持了中国佛教寺院塔前殿后的典型格局，以真身宝塔为寺院中轴，塔前是山门、前殿，塔后是大雄宝殿。

真身宝塔因塔下藏有佛祖真身舍利而得名，最初俗称"圣冢"，唐代建4级木塔，明代改建砖塔。

1981年8月24日，明塔的一半崩塌，剩下半壁残塔。1987年春发掘出唐代塔基，证实其为正方形，边长26米；木质楼阁式结构，有4根承重柱，20个回廊柱。

塔顶重檐高拱飞翘，并有4道流水屋檐。参照碑铭的描写，可推知它的构造与地宫出土的铜浮屠相仿。

1987年，法门寺唐代地宫被发现，地宫所保存的大批文物不仅等级高、品种多，有的甚至完好如初。

这座世界上发现年代最久远、规模最大、等级最高的佛塔地宫，是研究唐代政治、经济、文化、宗教等多种学科的实物证据，对中国文化史和世界文化史都具有重要的意义。

寺院的西院，还有法门寺博物馆，有多功能接待厅的佛光阁、珍宝阁等建筑。

最大的摩崖石刻造像——乐山大佛

乐山石刻弥勒佛坐像，以其巍峨雄伟俯视大千世界的气势闻名于世。它是世界第一大佛，故有"山是一尊佛，佛是一座山"之说。乐山大佛具有很高的建筑价值，是全人类的共同财富。

大佛雕刻在一座山上

乐山大佛位于岷江、青衣江、大渡河三江汇流处的岩壁上，开凿于唐玄宗开元初年 (713)，完成于唐德宗贞元十九年 (803)，历时 90 年。

据唐代韦皋《嘉州凌云大佛像记》和明代彭汝实《重修凌云寺记》等书记载，乐山大佛开凿的发起人是海通和尚。

凌云山下乃三江汇聚之处，每当汛期，山洪暴发，常常毁坏农田，倾覆舟楫。

为了制服江水，海通和尚立志要开凿一尊大佛来镇住水患。于是海通和尚四处化斋，解决资金问题。

海通修大佛的事，一传十，十传百，很快传了开去，方圆数十里的百姓，出力的出力，出钱的出钱，纷纷前来相助。

一时间，凌云山上，千人挥臂，万人呐喊，闹腾起来。从山岩上打下的石头，像下雨一样轰隆隆地掉进河里，激起无数浪花。

然而，海通和尚生前并没有实现自己的宏愿，不几年，他就圆寂归天了。为纪念海通和尚，后人们在凌云山树立了海通和尚的塑像，塑像高约 2 米。

海通和尚圆寂后，乐山大佛修建工程一度中断，大约过了 10 年的时间，剑南西川节度使章仇兼琼捐赠俸金，海通的徒弟领着工匠继续修造大佛，由于工程浩大，朝廷下令赐麻盐税款，使工程进展迅速。

当乐山大佛修到膝盖的时候，续建者章仇兼琼迁任户部尚书，工程再次停了下来。

又过了 40 年以后，剑南西川节度使韦皋继承了海通和尚的事业，再次捐赠自己的俸金，组织人力、物力继续修建乐山大佛。

　　韦皋始撰《嘉州凌云寺大弥勒石像记》的原碑就在大佛右侧临江峭壁上，上面载录了开凿大佛的始末。

　　直至唐德宗贞元十九年（803），整整花了90年，乐山大佛才开凿完成，耸立在岷江、大渡河、青衣江汇流之处。这尊佛像比山西大同云岗石窟最高的大佛还要高出3倍，故有"山是一尊佛，佛是一座山"之说。

　　据清嘉庆《乐山县志·金石》卷十五有"凌云寺灵山大像"之说，明确指出当时大佛唐时称为"凌云寺灵山大像"。

　　凌云寺创自开元年间，至贞元年间，大佛名为"灵山大像"，应该与凌云山当时称为"灵山"有关。

完美的古代雕刻建筑

　　这尊雄伟的乐山石刻弥勒佛坐像高71米，其头长14.7米，宽10米，耳朵长7米，鼻长5.6米，眉长5.6米，嘴巴和眼长3.3米，颈高3米，肩宽24米，手指长8.3米，从膝盖到脚背28米，脚背宽8.5米。

　　在大佛左右两侧沿江崖壁上，还有两尊身高超过16米的护法天王石刻，与大佛一起形成了一佛二天王的格局。大佛右边留有唐代开凿大佛时留下的施工和礼佛通道——九曲栈道，栈道沿着佛像的右侧绝壁开凿而成，奇陡无比，曲折九转，方能登上栈道的顶端。这里是大佛头部的右侧，也就是凌云山的山顶。此处可见识到大佛头部的雕刻艺术。

乐山大佛近景

　　佛像雕成后，曾建有七层楼阁覆盖，时称"大佛阁"，但佛阁屡建屡毁，宋元明都重建过佛阁，但最终都废毁殆尽。

　　乐山大佛以其巍峨雄伟的气势闻名中外。其实，细究它的形体结构，是很有趣味的。

　　发髻用石块嵌就：大佛顶上的头发，共有螺髻1021个。发髻是以石块逐个嵌就。螺髻表面抹灰两层，内层为石灰，厚度各为5～15毫米。

　　两耳以木为之：长达7米的佛耳，不是原岩凿就，而是用木柱作结构，再抹以锤灰装饰而成。大佛隆起的鼻梁，也是以木衬之，外饰锤灰而成。

　　排水系统遍布全身：乐山大佛具有一套设计巧妙、隐而不见的排水系统，对保护大佛起到了重要作用。在大佛头部共18层螺髻中，第4层、第9层、第18层各有一条横向排水沟，分别用锤灰垒砌修饰而成。衣领和衣纹皱折也有排水沟，正胸方向左侧分流的水沟，与右臂后侧水沟相连。两耳背后靠山崖处，有洞穴左右相通。胸部背侧两端各有一洞。这些巧妙的水沟和洞穴，组成了科学的排水、隔湿和通风系统，千百年来保护着大佛，防止大佛被侵蚀、风化。

　　乐山大佛是石刻建筑艺术的无价之宝，是全人类的共同财富。

现存最大的木构建筑——佛光寺大殿

佛教圣地五台山的佛光寺大殿，作为唐代木结构建筑的代表，在建筑艺术上有着极高的价值。中国的木结构建筑源远流长，在世界建筑中别具一格，佛光寺大殿的木结构建筑不但是中国，也是世界建筑艺术宝库中一颗光彩夺目的珍宝。

藏身佛教圣地的"亚洲佛光"

佛光寺地处佛教圣地五台山边缘的偏僻地区，它默默无闻地在深山中沉睡了1000多年。

1937年，我国著名建筑学家梁思成先生在敦煌石窟中发现了许多幅描绘唐代佛寺盛况的壁画。他认为，唐朝是佛教的鼎盛时期，兴寺造塔众多，一定会有佛寺建筑古迹遗留下来。

梁思成千里寻踪，终于在山西省五台山发现了两座唐代佛寺，其中佛光寺大殿便是其中一座。梁思成发现佛光寺时，寺里面积尘数寸，气味难闻，但他还是钻入佛光寺的大殿内，攀柱登梁，俯仰细量。

最终，梁思成发现了当年建寺时梁下题字的墨迹，确证该寺始建于北魏孝文帝时期，后因唐武宗禁止佛教而被毁，唐大中十一年（857）又因唐宣宗提倡佛教而重建。从建筑时间上说，它仅次于建于唐建中三年(782)的五台县南禅寺正殿，在全国现存的木结构建筑中居第二。

这座大殿保持了建造年代的原貌，在建筑艺术和技术上有着极大价值，成为研究唐朝木结构建筑的最可靠的"原著"，因其历史悠久，寺内佛教文物珍贵，故有"亚洲佛光"之称。

精妙无比的古代木构建筑

建于唐代的佛光寺大殿，是佛光寺最主要的建筑，也是现存最大的木构建筑。它正面宽7开间，进深4间。可见到木柱、木梁和支撑着屋檐的

佛光寺大殿　粗大雄壮的木斗拱。大殿的屋顶呈现出缓和、舒展的曲面。

　　大殿的平面是个简单的矩形，但建造者精心布局，用层层衬托的手法，创造出异常丰富的内容，使得这个矩形平面在使用上、结构上和艺术上达到了高度统一。

　　大殿外圈有22根木柱，内圈有14根木柱。外圈木柱的柱头、柱脚之间都有木枋相互连结，内圈木柱的柱头间也有木枋连接。在唐朝，这种外圈称为"外槽"，内圈称为"内槽"。

　　内槽的空间比外槽宽大，且又位于大殿正中，内槽的后部还供有佛像，这些佛像的背后均有装饰精细华丽的称作"背光"的屏作为遮护。

　　大殿屋顶上的梁架分成上、下两部分，上下之间由用木条组成的方格形天花板分开，这个天花板称为"平闇"。

　　大殿的后部有一个矮佛坛，坛上布置着20多尊佛像。

　　佛光寺大殿的木柱、木梁都是靠榫卯连接，榫卯的特点是越压越紧，因此大殿所有的外圈木柱都略微向里倾倒，同时大殿正面一排柱子并非完全一样高，而是两边的比中间的都略微升高一点，这样使整个结构产生了一个向里的压力，使梁柱之间的榫卯连接得更紧密了。

　　另外，木柱的柱头部分被加工成曲线，这可以使柱子与梁架斗拱的连接更方便。这些处理方法，堪称结构受力与建筑艺术方面的经典范例。

第五章
两宋时期的建筑

在中国，木材是主要的建筑材料，根据墓中陪葬的陶制房屋模型和墓壁所绘的房屋布局草图，我们可以见到房屋建筑的基本特色。从坟墓修建本身，我们也能知道很多，因为坟墓被看作是人们的阴间屋宇，在那里，围绕庭院还有可以保留数个内部或外部的空间用于生活之用。

——《剑桥中国史》

"江南三大名楼"之一——岳阳楼

岳阳楼的建筑构制独特，风格奇异，气势之壮阔，构制之雄伟，堪称江南三大名楼之首。楼为四柱三层，飞檐、盔顶、纯木结构，楼中四柱高竿，楼顶檐牙啄，为层叠相衬的"如意斗拱"托举而成的盔顶式，在我国古代建筑史上是独一无二的。

巴陵洞庭"天下楼"

岳阳楼位于湖南省岳阳市古城西门城墙之上，俯视洞庭，前眺君山，自古有"洞庭天下水，岳阳天下楼"之美誉，与湖北武昌黄鹤楼、江西南昌滕王阁并称为"江南三大名楼"。

岳阳楼始建于公元 220 年前后，其前身相传为三国时期东吴大将鲁肃的"阅军楼"，西晋南北朝时，被称为"巴陵城楼"。

唐代时，巴陵城改为岳阳城，大文豪李白作有《与夏十二登岳阳楼》一诗，诗中有"楼观岳阳尽，川迥洞庭开"一句，此后始称"岳阳楼"。

使岳阳楼真正名满天下的，还是北宋庆历四年 (1044) 春，滕子京受谪，任岳州知军州事。次年他重修岳阳楼；庆历六年九月十五日，文学家范仲淹应滕子京之请，写下了《岳阳楼记》，其中的"先天下之忧而忧，后天下之乐而乐""不以物喜，不以己悲"成为千古传诵的名句。

在之后，岳阳楼历两宋元明清直至民国，曾多次毁于火灾，又多次重修，一直延续到中华人民共和国成立后。

1956 年，湖南省公布岳阳楼为省级文物保护单位；1988 年，被国务院确定为全国重点文物保护单位。1984 年 5 月 1 日，岳阳楼大修竣工并对外开放；2005 年，岳阳楼入选湖南十大文化遗产。

具有独特民族风格的建筑艺术

岳阳楼作为三大名楼中唯一保持原貌的汉族古建筑，其建筑造型构制独特，气势壮阔，风格奇异。它那明露的木梁柱、构件和装修，均具有线条优美的表现力，显示出中国古建筑独特的民族风格，堪称江南三大名楼之首。

岳阳楼为四柱三层，主楼高 19.42 米，采用纯木结构，平面呈长方形，进深 14.54 米，宽 17.42 米，占地 251 平方米。一望可知纯木结构的楼外飞檐翘角，楼顶檐牙啄，楼体四壁高耸，金碧辉煌。远远望去，恰似一只凌空欲飞的鲲鹏。

楼内中部，以 4 根直径 50 厘米的楠木大柱直贯楼顶，承载楼体的大部分重量。再用 12 根圆木柱子支撑 2 楼，外以 12 根梓木檐柱，顶起飞檐。

全楼梁、柱、檩、椽全靠榫头衔接，相互咬合，彼此牵制，结为整体，既增加了楼的美感，又使整个建筑稳如磐石。

岳阳楼的斗拱结构复杂，工艺精美，3 层斗拱承托起了 3 层飞檐，远非人力所能为，当地人传说是鲁班下凡亲手制造的。

楼顶层叠相衬的"如意斗拱"，托举而成独特的拱而复翘的古代将军头盔式的顶式结构，这在我国古代建筑史上更是独一无二的，充分体现了古代汉族劳动人民的聪明智慧和能工巧匠精巧的设计与技能。

岳阳楼

"天下首府"——开封府

开封府为北宋时期天下首府，气势恢宏，巍峨壮观，威名驰誉天下。它依北宋营造法式建造，以正厅（大堂）、议事厅、梅花堂为中轴线，辅以50余座大小殿堂。史料记载，北宋开封府共有183任府尹，尤以包公打座南衙而驰名中外。

北宋时期第一首府

开封府位于河南省开封市龙亭区包公湖北岸，初建于五代后梁太祖开平元年（907），当时汴州作为都城，号称东都，升为开封府，辖15县。

后唐时，庄宗迁都洛阳，将开封府改为汴州；后晋高祖复以开封为东京，洛阳称西京。汴州再升为开封府；后汉、后周时仍延此制。

北宋建立之后，宋太祖于建隆元年（960）以开封为国都，因坐落在皇宫之南，又称"南衙"，因在天子脚下，又称"天府"；又是国都，称"东京开封府"，成为管理国都及京畿地区的重要机构。

此后直到靖康事变（1127），167年间开封共历经北宋9个皇帝。其中，宋太宗、宋真宗、宋钦宗3位皇帝登基前均曾担任过开封府尹。由于皇帝

开封府

担任过开封府府尹，所以后来任职的官员均加一个"权"字，"权知开封府"即是临时主持的意思，以示对皇帝的尊敬。

开封作为京都官吏行政、司法的衙署，地位显赫，其府尹先后有寇准、包拯、欧阳修、范仲淹、苏轼、司马光、苏颂、蔡襄、宗泽等一大批杰出政治家、思想家、文学家、军事家担任。

尤其包龙图（包拯）担任府尹时，他打坐主持公道之地，正气凛然、扶正祛邪，以致美名传于古今，后世戏剧舞台上，一曲令人荡气回肠"包龙图打坐在开封府"，更引起几多遐思神往。

庄重典雅的府衙建筑

开封府历尽千年沧桑，又加黄河水患，原有建筑荡然无存，后政府请专家多方论证设计，按照北宋李诚的《营造法式》，以宋代开封府衙原型将其修复。

重建的开封府占地 60 余亩，气势恢宏，巍峨壮观；布局规整，庄重典雅，高挑的屋脊、精细的彩绘，处处体现了宋代的建筑风格。

开封府的建筑以府门、仪门、正厅、议事厅、梅花堂为中轴线，辅以天庆观、明礼院、潜龙宫、清心楼、牢狱、英武楼、寅宾馆等 50 余座大小殿堂、楼宇。

府衙由鸣冤鼓、戒石和大堂所组成。大堂是历代府尹开堂审案的地方，大堂前立有戒石，上面有太宗皇帝的戒石铭，可遥想当年包公断案时的情景。

梅花堂由齐民堂和东西配殿所组成。

府司西狱设有典狱房、狱神庙、死牢、男女牢房等，反映了当时狱政、狱务的实际情况，是宋代刑狱文化的一个缩影。

开封府不仅在北宋树立了"公生明，清慎勤"的道德正气，形成了以"廉政刚毅"为鲜明特色的开封府官衙文化，也通过其巍峨壮观的建筑而名垂青史，成为四海闻名的中国古代官衙。

中国十大名寺之一——隆兴寺

隆兴寺是中国国内现存宋代建筑、塑像及石刻最多的寺院建筑之一。它历经千年，见证了唐宋至民国时期中国北方佛教文化的发展变化。而寺内的宋代建筑摩尼殿形制颇为特殊，在建筑史上具有极高的历史、科学和艺术价值。

宋太祖礼佛大建龙兴寺

隆兴寺别名大佛寺，位于河北省石家庄市正定县城东门里的清河古贝州城西南，原是东晋十六国时期后燕慕容熙的龙腾苑。隋文帝于开皇六年(586)在苑内改建寺院，时称龙藏寺；唐朝改为龙兴寺。

相传，宋太祖赵匡胤未发迹时，曾在舍利塔下困卧，"塔影周回荫之，老僧知其异，献茶啜饮"。

太祖即位后，建隆二年(962)敕令重修寺院，并赐御匾，名为"龙行寺"。

开宝二年(969)，赵匡胤征河东后，驻跸镇州(即正定)，到城西由唐代高僧自觉禅师创建的大悲寺礼佛时，得知寺内原供的四丈九尺高的铜铸大悲菩萨，后汉契丹犯界和后周世宗毁佛铸钱的两次劫难，加之听信寺僧"遇显即毁，迢宋即兴"之谶言后，遂敕令于城内龙兴寺重铸大悲菩萨金身，并建大悲宝阁。

开宝四年(971)，大悲宝阁兴工，至开宝八年(975)落成。并以此为主体，采用中轴线布局大兴扩建，最终使龙兴寺形成了一个南北纵深、规模宏大、气势磅礴的宋代建筑群。

自宋之后，龙兴寺几经战乱，多次被毁损并重加修建，至清康熙年间正式定名为"隆兴寺"。

新中国成立后，中国著名古建学者、建筑大师梁思成先生曾多次造访隆兴寺遗址，称之为"京外名刹之首"，于1954年至1958年加以修缮整理；1961年，国务院公布隆兴寺为全国重点文物保护单位。

现存古代建筑中的"艺臻极品"

隆兴寺主要建筑分布于一条南北中轴线及其两侧。寺前迎门有一座高大琉璃照壁，经三路三孔石桥向北，依次是天王殿、天觉六师殿、摩尼殿、戒坛、慈氏阁、转轮藏阁、康熙御碑亭、乾隆御碑亭、御书楼、大悲阁、集庆阁和弥陀殿等。

在寺院围墙外东北角，有一座龙泉井亭。寺院东侧的方丈院、雨花堂、香性斋，是隆兴寺的附属建筑，原为住持和尚与僧徒们居住的地方。

在隆兴寺的建筑中，摩尼殿是规模最大的一座宋代建筑，始建于北宋皇祐四年 (1052)，为宋《营造法式》之典范，具有极高的历史、艺术和科学价值。梁思成先生赞其为我国现存古代建筑中的"艺臻极品"和"世界古建筑孤例"。

摩尼殿的特别之处，在于平面呈十字形，重檐九脊顶，四面正中设山花向前的歇山式抱厦，而抱厦却以山面向着四面。在立体布局的观点上，显示出一种画意的潇洒、古劲的庄严。

檐下斗拱宏大，分布疏朗；柱子粗大，有明显的卷刹、侧角和生起；各面的檐柱，四角的都较居中的高，檐角的翘起线弯曲如波，自然流畅，如鸟振翅欲飞。像这样外观重叠雄伟、富于变化、别开生面的特殊形制，在我国现存宋代建筑中仅此一例。

规模最大的书院建筑——岳麓书院

岳麓书院位于湘江西岸秀丽的岳麓山下，为我国著名的"四大书院"之一。它自北宋创始，历宋、元、明、清各代，千余年来兴学不变，是三湘人才辈出的历史记录，反映了祖国文教事业的悠久历史，是十分珍贵的书院建筑史迹。

岳麓山下　千年学府

岳麓书院位于湖南省长沙市湘江西岸秀丽的岳麓山下，历经千年兴学不变，有"千年学府"之称，与江西庐山的白鹿洞书院、河南商丘的应天书院、河南登封的嵩阳书院，合称为"中国四大书院"。

岳麓山自古就是文化名山。西晋以前为道士活动地，曾建有万寿宫、崇真观等。西晋武帝时创立麓山寺，至今仍保存完好。东晋陶侃曾建杉庵读书于此。六朝建道林寺。唐代马燧建"道林精舍"。

唐末五代时期，僧人智璇为"思儒者之道"，在麓山寺下"割地建屋"，建起了供居士读书论经的学舍。

北宋开宝九年 (976)，潭州太守朱洞"因袭增拓"，于岳麓山抱黄洞下创建了岳麓书院，初设"讲堂五间斋序五十二间"。由此奠定了书院讲学部分的基础。

咸平二年 (999)，州守李允则扩建，并请奏书诏赐诸经释文、义疏、史记、玉篇、唐韵、赐予书院，此时书院建筑的讲学、藏书、供祀 3 个组成部分的基本规制形成。

大中祥符八年 (1015)，宋真宗召见山长周式，对周式兴学颇为嘉许，亲书"岳麓书院"匾额，于是"书院之称闻天下"。

南宋乾道元年 (1165)，安抚使刘珙在书院的旧址上，保持原有规制的基础上进行重修。并延请张栻主持教事。

随后，理学宗师朱熹自闽专程来访，与张栻论学，首开书院会讲先河。

至绍兴五年朱熹出任湖南安抚使，书院"更建于爽垲之地，规制一新"。

其时，"学徒千余人，食田五十顷"。有"道林三百众，书院一千徒"之称，书院规模有了很大发展。

元明一代，岳麓书院屡有兴废，阳明心学和明代实学相继在此发展宣扬。据志载，元明大小修建活动达 20 多次。明代朝廷曾几次令毁书院，但均未受重创。

清初时，朝廷曾对书院采取抑制政策，然已经实行了数百年的书院制度具有深刻的社会影响，修复书院的呼声日趋强烈。因此清代 200 多年间，书院修建更密，志载大小修建活动达数十次之多，且多有朴学大师掌院，传书院经世致用之风。

清代最后一次大规模修建是在同治七年 (1868)，巡抚刘昆重振书院，留下书院的最后形制规模，现存书院古建亦多经此次重修或重建。

体现儒家文化的建筑风格

岳麓书院古建筑在布局上采用中轴对称、纵深多进的院落形式。主体建筑如头门、大门、二门、讲堂、御书楼集中于中轴线上，讲堂布置在中轴线的中央。斋舍、祭祀专祠等排列于两旁。

这种中轴对称、层层递进的院落，除了营造一种庄严、神妙、幽远的纵深感和视觉效应之外，还体现了儒家文化尊卑有序、等级有别、主次鲜明的社会伦理关系。

大门建于十二级台阶之上，宋代曾名"中门"，采用南方将军门式结构，门额"岳麓书院"为宋真宗字迹。五间硬山，出三山屏墙，前立方形柱一对。

岳麓书院内景

门头白墙青瓦，置琉璃沟头滴水及空花屋脊，枋梁板上，绘有游龙戏太极图，间杂卷草云纹，整体风格威仪大方。

二门是宋元时礼殿所在；明嘉靖元年（1527）于院左增建文庙，始改建为二门。五间单檐悬山，中三间开三门，均为花岗石门框；左右各辟有过道，分别通向南北二斋。

讲堂位于书院的中心位置，是书院的教学重地和举行重大活动的场所。北宋书院创建时，有"讲堂五间"；南宋张栻、朱熹曾在此举行"会讲"，开中国书院会讲之先河。

讲堂的壁上，嵌有朱熹手书、清代山长欧阳厚均所刻"忠孝廉节"碑等。

讲堂的屏壁背面刻有麓山全图，摹自《南岳志》。

讲堂两旁有南北二斋，分别为教学斋和半学斋，斋名出自《礼记·学记》和《尚书·说命下》，均为昔日师生居舍，过去学生大量的活动时间就是在这里自修。

藏书楼宋称御书楼，是体现我国古代书院讲学、藏书、祭祀三大功能之一的藏书功能的主要场所。

除讲学部分外，岳麓书院中还有祭祀的文庙、六君子堂、园林、碑廊等各附属建筑，充分体现了书院"建筑是文化的载体，文化是建筑的灵魂"的精神。

古代建筑理论集大成之作——《营造法式》

北宋李诫的《营造法式》，是中国第一本详细论述建筑工程做法的官方著作。书中规范了各种建筑做法，详细规定了各种建筑施工设计、用料、结构、比例等方面的要求。对于当时建筑的形制和施工组织管理具有无可估量的作用。

为防范贪污而制定的建筑范式

北宋建国以后，在百余年间社会安定，经济快速发展，朝廷大兴土木，宫殿、衙署、庙宇、园囿的建造此起彼伏，竭尽豪华精美之能事。在这种风气下，负责工程的大小官吏贪污成风，致使国库无法应付浩大的开支。

因而，当政者意识到，亟待制定出建筑的各种设计标准、规范和有关材料、施工定额、指标等，以明确房屋建筑的等级制度、建筑的艺术形式及严格的料例功限，以防范和杜绝贪污之风。

宋哲宗时，于元祐六年(1091)，将作监第一次编成了一部"营造法式"，由哲宗皇帝亲自下诏颁行，因此这部书史称《元祐法式》。

但是，由于《元祐法式》在制定时缺乏用材制度，工料太宽，仍然无法防止工程中的各种弊端，所以在绍圣四年(1097)，哲宗又下诏，令李诫重新编修。

李诫本人在编书之前已在将作监工作了8年，曾以将作监丞的身份负责五王府等重大工程，有10余年的丰富的修建和管理工程经验。他以自己的经验为基础，参阅大量文献和旧有的规章制度，收集工匠讲述的各工种操作规程、技术要领及各种建筑物构件的形制、加工方法，终于编成了一部新的《营造法式》。

该书于崇宁二年(1103)刊行全国，并流传至今。

古代建筑科学艺术巅峰的典籍

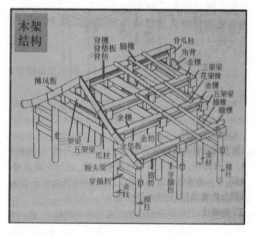

《营造法式》中
的木架结构图

《营造法式》是宋将作监奉敕编修的，可以视为是代表我国古代建筑科学与艺术巅峰状态的一部综合性典籍。

全书34卷，357篇，3555条，分为5个部分：释名、各作制度、功限、料例和图样，记载着宋代建筑的制度、做法、用工、图样等，是当时建筑设计与施工经验的集合和总结，对后世研究中国建筑、理解其理念和精神有着深远的意义。

《营造法式》最前面是"看样"和目录各1卷。"看样"主要是说明各种以前的固定数据和做法规定及做法来由，如屋顶曲线的做法。

之后，书中详细说明了各种用料用途，规范了各种建筑做法，提出了各种建筑施工设计、用料、结构、比例等方面的要求，以此确定劳动定额及运输、加工等工耗，对于编造预算、施工组织都有严格规定。

不过，各种制度虽都有严格规定，但并没有限制建筑的群组布局和尺度控制。所以，可以根据具体项目情况，在规定的条例下"随宜加减"。这种灵活的处理，使建筑者的想象力也得以发挥。

《营造法式》的流传，使后世能够在实物遗存较少的情况下，详细地了解到北宋时宫殿、寺庙、官署、府第等木结构建筑所使用的方法，添补了中国古代建筑发展过程中的重要环节。

通过书中的记述，还可以知道现存建筑所不曾保留的和使用的一些建筑设备和装饰，如室内地面铺编织的花纹竹席、梁栿用雕刻花纹的木板包裹等。

中国四大古城之一——徽州古城

徽州古城是保存完好的中国四大古城之一，始建于秦朝，自唐代以来，一直是徽郡、州、府治所在地，故县治与府治同在一座城内，形成了城套城的独特风格。其主体建筑和镶嵌其间的古民居，是展现徽文化的重要实物建筑。

东南邹鲁　礼仪之邦

徽州古城位于安徽省南部黄山市歙县县城徽城镇中心。古城始建于秦朝，秦始皇二十六年（前221）时设置歙县，属会稽郡。自西汉至隋，徽州曾先后隶属于丹阳郡、新安郡、新宁郡和婺州。

隋开皇十一年(591)，歙县为歙州治所。隋末汪华迁郡治于歙县乌聊山下，开始了古城的大肆修建，内有子城，外为罗城，东北倚斗山，东南乌聊迤逦，扬之河水顺城东北而西为练溪，环绕东南隅而下歙浦。

此后至唐末，时称歙州，时称新安郡，反复改名多次。

北宋徽宗宣和三年(1121)，歙州最终定名为徽州。从此，直到清宣统三年（1911），徽州这一名称持续了790年。

而博大精深的徽州文化，正式形成并鼎盛于这一时期，徽州古城成为中国三大地方学派之一——"徽学"和发祥地，被誉为"东南邹鲁、礼仪之邦"。

而由此文化孕育下逐步完善修建而成的徽州古城，近千年来，一直是徽郡、州、府治所在地，与四川阆中、云南丽江、山西平遥并称为"保存最为完好的四大古城"。

中国传统建筑最直观的载体

徽州古城是中国传统建筑的典型代表，其文物遗存众多。城内的徽派建筑，是中国传统文化中最精彩、最直观的载体和表现形式之一，对中国传统文化的保护与发展具有重要的现实意义。

徽州古城总占地面积 24.7 平方千米，分为内城、外郭，有东、西、南、北 4 个门。此外，还保留着瓮城、城门、古街、古巷等。

主体建筑有徽州府衙、许国石坊、长庆寺塔、东谯楼、南谯楼、大宅院、渔梁古坝、渔梁街、斗山街、徽园等，以及镶嵌其间的古色古香的 300 余幢古民居，是展示和体现徽文化的重要实物建筑。

徽州府衙建于隋末，为越国公汪华迁此时所修，是古城最早建筑之一。宋绍熙年间，州衙曾毁于大火，随后重建，明清时也多次进行大修。

府衙主要包括南谯楼、仪门、公堂、二堂、知府廨组群，整体建筑气势雄伟，规模庞大，体现了徽派建筑的精髓。

徽园位于原徽州府衙一带，建筑面积 1.8 万平方米，主体建筑有仁和楼、得月楼、茶楼、惠风石坊、徽园第一楼、得意楼、春风楼、过街楼、古戏楼、莲池玉带桥、万金灵龟、九龙九凤壁，以及住宅楼房百余间。

徽园的集牌坊、古民居、祠堂为"徽州三绝"，融砖雕、木雕、石雕"徽州三雕"之精髓，素有"徽州文化大观园"之称。

渔梁街是唐代形成的街市。当时徽商外出经商、府衙官员们出门，渔梁街是往返必经之路，被称为"徽商之源"。

渔梁街整条街道用清一色卵石有序铺就，两边店铺林立。古祠堂、古民居、古寺庙随街可见，排列井然，被称为江南第一水街。

徽州古城

第六章
辽金元时期的建筑

坐落在山西的永乐宫，建于元朝初年（1212），是保留至今的中国最古老的道教寺庙之一。其主殿的墙上装饰着绘画，绘有道教神谱中的神祇。蒙古人崇拜道教，这在当时是极为罕见的。

——《剑桥中国史》

"世界最高的木塔"——佛宫寺释迦塔

佛宫寺释迦塔建于辽代，是中国也是世界上现存最高、最古老的木构塔式建筑。该塔整体架构所用全为木材，没用一根铁钉，全塔斗拱众多，被称为"中国古建筑斗拱博物馆"，是中国古典高层木结构的典型实例。

"世界三大奇塔"之一

释迦塔所在的佛宫寺位于山西省应县境内，与意大利比萨斜塔、巴黎埃菲尔铁塔并称为"世界三大奇塔"。

这座木塔建于公元 1056 年，已有 900 多年历史，是当时崇信佛教的辽兴宗耶律宗真下令修建的。释迦木塔是佛宫寺（原名宝宫寺）的主要建筑物。当时，土红色的应县木塔高高耸立于全城低矮的灰色民居的中央，其景象十分壮观。

佛宫寺释迦塔是保持民族传统特色的楼阁形制的塔。古代的木塔，初期均比较低矮，南北朝时期，随着高层木结构技术的发展和佛教的兴盛，木塔也越来越高大。如著名的北魏洛阳永宁寺塔，高达几十米。

而应县木塔是永宁寺塔的进一步发展。这座木塔改方形平面为八角形，使应力分布比较均匀；同时改中心柱为筒型框架的结构方式，这既解放了中部空间，也使塔身更加牢固。这些改进，是古代木结构建筑的一个巨大的进步。

古典高层木结构建筑的杰作

佛宫寺释迦塔的平面是八角形，塔身外观是 5 层 6 檐。塔高达 67.31 米，是世界上现存最高大的古代木结构建筑。这座木塔整体架构所用全为木材，没用一根铁钉，经历了 900 多年的风霜雨雪侵蚀，还遭受了多次强地震袭击，却还巍然屹立，这体现了我们传统建筑技艺的高超！

全塔建在一个夯土心的砖石基座上，基座下层方形，上层八角形。基座上布置内槽柱、外檐柱及副阶前檐柱。塔身底层的内槽和外檐角柱使用的都是双柱，砌在1米厚的土坯墙里。柱间用泥土填充夯实，可以防止构架的扭曲，提高了坚固性，保证了结构的稳定。

底层以上设平座夹层，再上是二层，二层上又设平座夹层，这样重叠直到五层。各层柱子都衔接而上，每层外檐柱都比下层的外檐柱向塔心退入约半柱。

佛宫寺释迦塔

这样的设计，既让塔身形成了美丽的曲线，又没有超过结构的合理限度。从整体上讲，下大上小，也正是结构的稳定性所要求的，该塔堪称是结构和建筑造型统一的典范。

特别是该塔建造在北风常年吹过的开阔地带，对于高层木结构建筑的设计来说，风力是一项不容忽视的考虑因素。为了抵制风力及地震横波的推力，防止水平方向的位移和扭动，匠师们使用了大批斜撑固定复梁这种撑杆和复梁的组合体，既使平座内槽系统和外檐系统各自加大它们的稳定性，又使内外两层系统保持它们的相对位置。

全塔的细部构造处理，诸如构件比例、榫卯搭接等处所表现的优秀技法，也是值得称道的。仅以斗栱来说，全塔就采用了60多种形态各异、功能有别的斗栱，这些斗栱不但担负了连接梁、枋、柱的任务，而且起到了装饰美化建筑的作用。

金朝建筑的代表——朔州崇福寺

崇福寺是朔州名刹，主殿弥陀殿建于金代，已有
800多年的历史。尤其是大殿当心5间，中柱减去，
前槽仅留2根金柱，并移至次间中线上，增大了佛坛
位置与礼佛部位的空间，这种做法是中国建筑史上的
大胆创新。

辽金名刹　朔州崇福

崇福寺位于山西朔州古城内东街北侧，是一处规模宏敞、殿阁群居的
古寺庙。始建于唐，金熙宗皇统三年(1143)增建主殿弥陀殿与重要大殿观
音殿，其中的建筑与壁画均保持了初建时的形态。

早在唐高宗麟德二年(665)，由马邑（朔州汉时称呼）名将鄂国公尉
迟敬德奉敕而筑。当时兴修了金刚殿、藏经楼、大雄宝殿及东西配殿，规
模初具。

五代十国末期，石敬瑭割让燕云十六州换取契丹人支持。辽人将节度
使称作太师，此寺一度被改为林太师府衙，名曰林衙院、林衙署；后相传
院内有灵光屡现，居者惶恐不安，便又改衙署为僧舍，取名林衙寺。

到了金代，熙宗崇信佛法，于皇统三年（1143）敕令大将军翟昭度在
大雄宝殿后建起弥陀殿，其后不久又建观音殿，寺院终成现在规模。

金海陵王完颜亮于天德二年（1150）迁都至今北京的迪古，乃赐题额
"崇福禅寺"，该寺终定名崇福寺。

此后元、明、清各代，崇福都曾有过重建、扩建和修葺。明成化年间
重修殿宇后，改大雄宝殿为三宝殿、藏经楼为千佛阁。

中国建筑史上的大胆创新

朔州崇福寺坐北朝南，五进院落布局，中轴线自前至后为山门、金刚
殿、千佛阁、三宝殿、弥陀殿和观音殿，轴线两侧建有钟楼、鼓楼、文殊

堂和地藏堂。

其中弥陀殿、观音殿均为金代遗构，距今已有850多年历史。其中弥陀殿更是寺院精华之所在，其建筑体现了辽金时期的建筑艺术特色。

弥陀殿坐落在高大的台基上，基高2.4米，基前又有宽敞的月台，衬托得殿宇高大雄伟，瑰丽壮观。殿正面檐下，悬有"弥陀殿"竖匾一方，是金大定二十四年(1184)的原物。

殿身面阔7间，当中5间为隔扇门，后檐明间和两梢间各装大板门两页，进深八椽，单檐九脊歇山式，殿顶绿色琉璃剪边，殿内前檐隔扇、窗棂花典雅、精美，是中国现存辽金时代三大佛殿之一，其匾额、塑像、壁画、雕花门窗、脊饰琉璃被誉为"金代五绝"。

尤其值得一提的是，当时为了扩大内部空间面积，当心5间，中柱减去，前槽4根金柱仅留2根，并移至次间中线上，增大了佛坛位置与礼佛部位的空间，这种减柱与移柱的做法，是我国建筑史上的大胆创新。

朔州崇福寺

北京最早的石造联拱桥——卢沟桥

卢沟桥是北京市现存最古老的石造联拱桥，建造于金世宗时期，虽历经800多年的风吹雨打浪蚀，仍傲然屹立。卢沟桥桥身无比坚固，造型美观，具有极高的桥梁工程技术和艺术水平。

一座历经数百年沧桑的桥

卢沟桥，曾称芦沟桥，坐落在北京市西南丰台区的永定河上，因横跨卢沟河（即永定河）而得名。

早在2000多年前的战国时代，卢沟桥一带是有名的渡口。不过，当时的卢沟桥只是枯水季节的小型木桥和水量较大时的浮桥或渡船。又因河水经常泛滥成灾，河道迁移不定，时称无定河。

12世纪中叶，金朝定都北京后，北京与南方地区的交通变得繁忙起来，大定二十九年（1189），金章宗完颜璟（1168—1208）下令在卢沟桥一带建造一座永久性的石桥。明昌三年（1192）三月，石桥正式竣工，当时名叫广利桥。

卢沟桥建成以后，一直是兵家必争的要地。桥落成19年后的金大安三年（1211），"一代天骄"成吉思汗亲率大军南下，在卢沟桥与金军发生了激烈的争夺战。1214年，金中都落入蒙军之手，成吉思汗走过卢沟桥，进入中都城。几十年后，他的孙子元世祖忽必烈经过卢沟桥来到北京，正式定国号为元，将北京建成元大都。

百余年后，一代枭雄朱元璋派兵北伐，一场血战，打败元军，夺下卢沟桥。元顺帝弃下都城，向北逃跑，徐达等踏过卢沟桥进入北京。

清代康熙年间，对河道大加疏浚，彻底解决了河道迁移不定的问题，因此无定河改名为永定河。

1937年7月7日，卢沟桥一声枪响，点燃了抗日战争的熊熊烈火。从此，卢沟桥便成了中华民族不屈不挠的精神象征。

卢沟桥的建筑构造

　　卢沟桥全长 266 米，宽约 8 米，全桥由 11 孔圆弧形的石拱组成，拱洞由两岸向桥中心逐渐增大，净跨度自 11.4 米至 13.45 米不等。卢沟桥拱圈的砌筑方法，运用的是"框式横联法"，此法构筑的石拱桥整体受力更为均匀。

　　卢沟桥有 10 座石砌桥墩，一墩挑两孔，把 11 个石拱联成一体，承受力均匀，分担桥面重量。因此，卢沟桥是一座"多孔厚墩联拱"桥。厚墩联拱是单孔拱的集合，每个厚墩都能承受单孔拱的推力，一孔毁坏，不影响他孔。

　　这 10 座石砌桥墩的设计也别具匠心：桥墩前尖后方，迎水面砌作三角形的分水尖，每个分水尖顶上还装上了三角形铁柱，铁柱以其尖锐的铁角迎击漂流而来的冰块及分开河中的洪流，减少冰块和洪水对桥墩的冲击力。

　　卢沟桥是巨大的建筑艺术杰作，桥两头各有一对左右对峙的华表，桥面两侧的护栏是用汉白玉雕成的，两侧的护栏各有望柱 140 根和 141 根，每个华表、栏杆和望柱上都雕有狮子，共有大小狮子 500 余只，形态各异，无一雷同，因此留下了"卢沟桥的狮子——数不清"这句流传颇广的歇后语。

全真教祖庭——北京白云观

白云观是北京最大的道观建筑，据说是唐代的遗物，金世宗时大加扩建，之后历代都有重修，距今已经有近千年历史。白云观的设计体现了中国传统建筑中宗教建筑的手法，具有较高的历史价值。

道教全真第一丛林

白云观位于北京外城西南角的西便门外，其前身是唐代为玄宗奉祀圣祖玄元皇帝——老子之圣地，名为天长观。观内至今还有一座汉白玉石雕的老子坐像，据说就是唐代的遗物。

1160年，天长观遭火灾被毁，1167年重修，重修后改名"十方天长观"。1202年，"十方天长观"又遭遇火灾，翌年重修，改名为"太极宫"。1215年后，"太极宫"逐渐被荒废。

元初，道教全真掌教邱处机赴雪山应成吉思汗聘，回京后命弟子王志谨主持兴建太极宫，历时3年，殿宇楼台又焕然一新。成吉思汗因其邱处机道号长春子，诏改太极宫为长春宫。

邱处机羽化后，其弟子尹志平等在长春宫东侧构建下院，称为"白云观"。并于观中构筑处顺堂，安置邱祖师的灵柩。邱处机被奉为全真龙门派祖师，白云观以此称龙门派祖庭和"道教全真第一丛林"。

元末天下大乱，长春观逐渐荒废。明初重建长春观，并易名为白云观。清初，对白云观又进行了重修，基本奠定了今日白云观之规模。

建筑的特点

白云观的建筑分中、东、西三路及后院，规模宏大，布局紧凑。

主要殿宇位于中轴线上，以山门外的照壁为起点，依次有照壁、牌楼、华表、山门、窝风桥、灵官殿、钟鼓楼、三官殿、财神殿、玉皇殿、救苦殿、药王殿、老律堂、邱祖殿和三清四御殿，共有大小殿堂50余座。

这些殿堂广泛吸收中国南北方宫观、园林建筑的技法，修建得十分美丽，尤其是后花园，无论亭台楼阁还是树木山石，均精巧别致。

山门为砖石结构，有拱门3个。山门门楣上方挂有"敕建白云观"匾额。门前有石狮、华表等物。山门对面有一七层四柱的棂星门，坊额上书"洞天胜境""琼林阆花"二匾。

灵官殿，面阔3间，进深1间，内奉王灵官像。

北京白云观正门

玉皇殿坐落于高大的"凸"字形台基之上，殿内供玉皇大帝神像。

老律堂原称七真殿，为观内道士宗教活动的主要场所。殿内供奉全真道祖师王重阳的七大弟子塑像，邱处机作为大弟子，位置居中。

邱祖殿是一组自成院落的前列建筑，这是全真龙门派后裔奉祀邱处机的殿堂，殿内塑有邱真人像。邱真人手执如意，身着道袍，神采如生。

与邱祖殿组成院落的正房，分为上下两层，上为三清阁，下为四御殿。三清阁供奉道教最高尊神玉清、上清、太清3位天尊，四御殿供天神界的4位大帝像。

阁两侧有转角翼楼相通，东为藏经楼，原藏有明正统道藏和万历续道藏。西翼楼为朝天楼或望月楼。

后花园原名后圃，明清时均曾修缮扩建，由3个庭院连接而成，戒台、云集山房为主体建筑，另外尚有云华仙馆、友鹤亭、妙香亭、退居楼等建筑点缀园中。

元朝建筑的杰作——永乐宫

山西芮城永乐宫是世界著名的规模宏大的道教宫殿式建筑群。主体为元代木结构建筑，规制典范，其格局设计堪称宗教建筑的典范，无论从总体布局、单体形制、结构特点或装饰艺术等方面，都在我国元代建筑史上留下了光辉灿烂的一页。

全真教三大祖庭之一

永乐宫原来是一处道观，始建于元代定宗贵由二年（1247），原名"大纯阳万寿宫"，是为奉祀中国古代道教"八洞神仙"之一的吕洞宾而建，因原建在芮城永乐镇，被称为永乐宫，和北京白云观、陕西户县重阳宫，并称为全真三大祖庭。

永乐宫正门

全真教是我国本土宗教道教发展的一个最鼎盛分支。宋末元初时，邱处机带着18名弟子应邀觐见了成吉思汗，深得成吉思汗赞赏，被"赐号神仙，爵大宗师，掌管天下道教"，全真教由此得以广泛流行。

宋德方是邱处机谒见成吉思汗的18名随侍弟子之一。邱处机去世后，宋德方1240年来到全真教的祖师吕洞宾的故乡永乐镇，召集道侣，大修道宫，之后又有师弟潘德冲专门来主持修建永乐宫。

永乐宫的修建得到了元朝政府及官员的倾力支持。蒙古军驻军元帅将地基状况图呈献给宋德方，还给永乐宫施舍了水地 30 亩，而且它始终受到元朝统治者的保护。

潘德冲一心修建永乐宫，到 1256 年他去世前，纯阳宫的主体建筑无极殿、纯阳殿、重阳殿基本建成。之后，遗留工程一直处于不停地建造中，先后费时 110 年，被称为"世界绘画史上罕见巨制"的永乐宫壁画，一直到元朝灭亡前不久才全部完工。

典型而独具特色的宗教建筑

永乐宫规模宏伟，布局疏朗，殿阁巍峨，气势壮观，为国内现存最大的元代建筑群。宫内的建筑，可分 3 道轴线，在 500 米的中轴线上自前至后排列着山门、龙虎殿、三清殿、纯阳殿、重阳殿。除山门为清代建筑外，其余 4 座均为元代原物。

龙虎殿又称无极门，是永乐宫原有的宫门。面宽 5 间，进深 2 间 6 椽；单檐庑殿顶，举折坡度较平缓。斗拱五铺作单抄单下昂。梁架结构为"彻上露明造"，中间竖中柱一排，以内额相联贯，前后檐各用"三椽栿"相对，后尾搭在中柱上，其上再叠架"平梁""搭牵"，立"蜀柱"，戗"叉手"。

龙虎殿的两山侧用"丁栿"承载上面的梁架，正脊采用倒"推山"，两次间于前后上平槫的背上各架"太平梁'一根，其上置栌斗和一斗三升、替木等承托着脊椽，结构手法简洁利落，富有创造性。

同时，各缝椽木不在一条水平线上，由中间自两侧逐渐生起，使正脊和四面瓦坡形成一种圆和舒展的曲线，无僵直压抑之感。

值得注意的是，最后檐明间的"踏道"缩在合基的里面，实为罕见之例。

三清殿又名无极殿，是永乐宫中最主要的一座殿宇。该殿矗立在一个高大的台基上，殿面宽 7 间、进深 4 间，为八椽、单檐庑殿顶，巍峨壮丽，冠于全宫。

殿前设大月台瓷墁方砖，月台两侧腹各设有一个朵台，上下各有 4 条踏道。殿的平面配置，采用"减柱造"以扩大利用空间，仅后半部设金柱

永乐宫三清殿　8根，其余金柱均减去不用，垒3堵扇面墙，作为安置三清塑像的神龛。

前檐仅东西两端间砌以檐墙，其余5间均装有隔扇门，以供采光和人流出入之用。

后檐明间装两扇板门，以通达后殿。

剩下的东西山面和后檐都垒砌土坯砖墙，绘制大幅人物壁画《朝元图》，精美绝伦。

屋脊镶黄、绿、蓝三彩琉璃，两只高达3米的龙吻，红泥胎、孔雀蓝釉，整体为一条盘绕回旋的巨龙；正脊宝珠、龙、凤，以及牡丹、莲、菊等捏塑花纹。

这些琉璃制品，虽历经千年，釉色仍鲜艳夺目，充分反映了元代山西琉璃手工业的卓越成就；也是目前我国发现的古建琉璃构件最高的鸱吻。

纯阳殿因供奉吕洞宾，故又称吕祖殿。它的地位仅次于三清殿，形制相似，藻井顶板上所画网目纹，据天花板上题记，应为元至元五年（1339）所绘，色调鲜明，线条流畅。

重阳殿位于纯阳殿之后，在现存4座殿宇中规模最小，供奉的是全真教祖师王重阳和他的7大弟子。

这4座元代建筑，在设计结构和形制上不仅继承了宋、金时代的某些传统，而且还大胆地作了一些革新和创造，为后代建筑技术的发展开辟了新的途径，是我国建筑史上不可多得的实物例证。

第七章
明朝时期的建筑

　　北京明朝皇家居住的建筑群——北京故宫，它的设计和规划，绝大部分被后来的清朝统治者所保留。今天到北京的观光者，可以漫步在这层叠有序的、曾有24位皇帝生活和处理过政务的庭院宫室之间。而长城，在中国的历史古迹当中，没有比它更具有震撼力了，它由砖石建成，高和宽平均7.62米，西起嘉峪关，东至山海关，绵延6700公里。

　　——《剑桥中国史》

世界上最大的皇宫——紫禁城

紫禁城是中国现存规模最大、保存最完整的古代宫殿建筑群，同时也是世界上最大的皇宫。它以其规划严谨的整体布局，巍峨壮丽的宫殿建筑，完美地体现了中国传统文化的博大精深，代表着中国宫殿建筑艺术的最高成就。

成祖迁都营建紫禁城

明代开国之君朱元璋，建都城于南京。他驾崩后，长孙朱允炆继皇帝位，是为建文帝。此时，对帝位最大的威胁，就是封地在北平的燕王朱棣，建文帝决定削除朱棣的藩王之位；朱棣早有篡位之心，遂以"清君侧"为名起兵南下"靖难"，攻占南京，夺取了皇位，是为永乐皇帝。他即位之后，改北平为北京。

北京自辽金始即为京都之一，元朝又定为大都，历经数百年，已是一座繁荣的大都市。朱棣自封藩此地后，又苦心经营了20多年，使"龙兴之地"更具都城规模。

同时，朱棣深知北京是防范北方元残余势力的一道屏障，它的战略地位极其显要，因此在即位初年，朱棣正式下诏营建紫禁城，准备迁都北京。

紫禁城的建造是一项庞大无比的工程，其规划设计由泰宁侯陈珪和工部侍郎吴中负责。主持营建的匠师有蒯祥、蔡信、陆祥、杨青等，另外，全国各地的10万能工巧匠和100多万夫役参与其中。

光是建造紫禁城所需的100吨的大石头，都是从69千米外搬运至北京城内。在当时的技术条件下，运送重达100吨的石头，是非常困难的。有人说，是修建紫禁城的工匠独辟蹊径，先挖渠连接北京城与石头产地，再利用水运将这些石头运进城内的。也有人认为，工匠们是利用冬季道路结冰的条件，在冰面上滑动大石头，将其运到城内。因此，工匠们会在冬季修出一条道路，并每隔半公里就挖一口井，以获得水源并倾倒在道路，使之结冰，形成一条"冰路"。

　　修建紫禁城的各种木料、石料、砖瓦料的备料工作就这样消耗了近
10 年时间；再加上兴建的时间，修建紫禁城于 1406 年开始建造，1420 年
完工，一共用了 14 年时间。

　　1421 年，朱棣正式将都城从南京迁至北京。

壮观无比的皇宫建筑

　　紫禁城建在北京城的中心，这种选址的方法源于周代"择中"的思想，
王者居中是礼制的需要。总体设计集中体现了中国传统的礼制观念，突出
了帝王至高无上的绝对权威。

　　紫禁城平面也呈方方正正的矩形，南北长 960 米，东西宽 750 米，占
地 72 万平方米。城池包括城垣、城门楼、角楼、护城河和守卫的房舍等。

　　紫禁城的城垣，高约 10 米，底面宽 8 米多，顶面宽 6 米多。墙体中
心用夯土垫实，外部用城砖包砌，坚固异常。城垣的外围再环以宽 52 米、
深 6 米的护城河。

　　紫禁城有 4 座城门，南为午门，北为神武门，东为东华门，西为西华

太和殿

门。城门的墩台，都用白灰、糯米、白矾作胶结材料，坚固结实。墩台的两侧，各有锯齿形磋磴式坡面的马道转折而上。

午门在 4 座城门中最为壮观。它是紫禁城的正门，平面呈"凹"字形，秉承了古代宫门双阙的传统。

神武门是紫禁城的北门，门楼五楹，重檐庑殿顶，明称玄武门。神武门上设有钟鼓，用以起更报时。

东华门和西华门门外置有下马碑。皇帝死后，梓宫（棺材）由东华门出入，朝臣及内阁官员进出宫禁也走东华门。

紫禁城气魄宏伟，极为壮观。它不以单体建筑的壮丽而彰显，而以群体组合的完善而著称，最集中、最完整地体现了中国宫殿建筑的传统和精髓。

在紫禁城有近千座建筑，100 多座院落，传说有殿宇宫室 9999 间半，被称为"殿宇之海"。每个院落都是封闭的相对完善的空间，自成体系。它们以南北中轴线为中心，井然有序地组合成一个有机的整体。

故宫前部宫殿，当时建筑造型要求宏伟壮丽，庭院明朗开阔，象征封建政权至高无上，主要殿座以黄色为主；绿色用于皇子居住区的建筑；其他蓝、紫、黑、翠，以及孔雀绿、宝石蓝等五色缤纷的琉璃，多用在花园或琉璃壁上。

太和殿坐落在紫禁城对角线的中心，屋顶满铺各色琉璃瓦件，当中正脊的两端各有琉璃吻兽，稳重有力地托住大脊，是构件又是装饰物。

后部内廷却要求庭院深邃，建筑紧凑，因此东西六宫都自成一体，各有宫门宫墙，相对排列，秩序井然。

内廷之后是宫后苑。后苑里有岁寒不凋的苍松翠柏，有秀石叠砌的玲珑假山，楼、阁、亭、榭掩映其间，幽美而恬静。

明十三陵追求与自然结合

　　明十三陵是明朝13个封建皇帝的陵墓，也是一个体系完整、规模宏大、气势磅礴的陵寝建筑群。十三陵以长陵为首，居正中位置，其余12陵均在其两侧排列开来。这种陵墓布局方式，阐释了中国持续五千余年的权力观影响下的建筑观。

帝冢形成"十三陵"

　　"十三陵"位于北京城北约40多千米的军都山南麓的天寿山，因有明代13个皇帝埋葬于此形成的陵墓群而得名。

　　当年，朱棣发动"靖难之役"攻占南京夺取皇位后，为了消除夺侄儿皇位的恶名和巩固北方边防，下令迁都北京。永乐五年（1407），朱棣十分宠爱的徐皇后去世，他不愿意把皇后孤零零地葬在南京，立刻加快迁都北京的步伐，并派礼部尚书前往北京，尽快寻找"吉壤"，准备建陵。

　　不久，朱棣就下令开建他自己的坟墓陵园——长陵。

明十三陵鸟瞰图

　　明朝自开始到灭亡，历时277年之久，前后共有16位皇帝。这些皇帝中，除了明太祖朱元璋、建文帝朱允炆、明代宗朱祁钰之外，其余13位皇帝均葬在十三陵。

　　这13位皇帝和他们的陵墓名称为：明成祖朱棣，长陵；明仁宗朱高炽，献陵；明宣宗朱瞻基，景陵；明英宗朱祁镇，裕陵；明宪宗朱见深，茂陵；明孝宗朱祐樘，泰陵；明武宗朱厚照，康陵；明世宗朱厚熜，永陵；明穆宗朱载垕，昭陵；明神宗朱翊钧，定陵；明光宗朱常洛，庆陵；明熹宗朱由校，德陵；明思宗朱由检，思陵。

十三陵的营建工程历时 230 多年，陵区面积达 40 余平方千米，是中国最大的皇帝陵墓群；这里除了埋葬着 13 位皇帝，还埋葬着 23 位皇后以及贵妃和殉葬宫人等。

建筑与自然相结合

十三陵从选址到规划设计，深受中国传统风水学说的影响，十分注重陵寝建筑与大自然山川、水流和植被的和谐统一。明十三陵作为中国古代帝陵的杰出代表，展示了中国传统文化的丰富内涵。

当十三陵被列入《世界遗产目录》时，世界遗产委员会的评语是：十三陵依照风水理论，精心选址，将数量众多的建筑物巧妙地安置于地下。体现了传统的建筑和装饰思想，阐释了封建中国持续五千余年的世界观与权力观。

十三陵的地面建筑，包括 13 个陵墓和一个神道。神道是一条 7 千米长的大路，也叫"神路"。"神路"全部用汉白玉石料建成，表面饰以云龙、卧兽，这是我国现存最早、最大的一座仿木结构建筑的石雕艺术品。

"神路"的起点是一座巍峨高大的石牌坊，这是整个陵区的起点。石牌坊以北是大红门，这是陵区的正门。大红门再北，就是 1000 米长的陵道。陵道两侧排列着 18 对石像。这些石像都是用整块的巨石雕刻而成，两两相对，栩栩如生，一直忠实地守卫着神圣不可侵犯的皇家陵寝。

"神路"的尽头是"棂星门"，也称"龙凤门"。过棂星门往北，就是十三陵中修建最早、规模最大的长陵了。

长陵为十三陵之首，居正中位置，其余 12 陵均在其两侧排列开来。长陵占地面积约 10 万平方米，其建筑特点是主要建筑建造在一条中轴线上，附属建筑对称地建于两旁。

长陵的棱恩殿是十三陵中唯一保存完好的大殿。此殿建成于 1427 年，是我国现存最早、最好的楠木大殿。此殿的规模是参照故宫太和殿的样子

而建，面阔有9间，进深5间，建筑面积近2000平方米。最令人惊叹的是殿内60根柱子，全部用整根的金丝楠木做成。

棱恩殿又名享殿，是进行祭祀活动的殿堂，明代每年的三大祭、四小祭，都在殿内举行。

棱恩殿后面高耸着明楼，该楼建在高15米、形似小城堡的方城（宝城）上。明楼是全陵的制高点，登楼眺望，远近的山川田野与陵墓诸建筑尽收眼底，景色优美。

明楼再往后就是宝顶，宝顶底下就是安葬朱棣及其皇后的地宫了。

定陵是明朝第13个皇帝神宗朱翊钧的陵墓，宫殿距地面27米，总面积1195平方米，由5个高大宽敞的殿堂连接组成，全部采用筒形石拱结构。前殿和中殿连接成一个长方形的通道，长58米，宽6米，高7.2米。

后殿是地宫的主要部分，也是最大的殿。在后殿里，汉白玉砌成的棺床上安放着朱翊钧和孝端、孝靖皇后的3口棺材，两旁26只红漆木箱里装满了殉葬物品。其中最珍贵的是金丝编成的金冠和凤冠，可谓举世无双的国宝。

定陵地宫历时400多年仍完整如初，可见当年建筑技艺之高超。

世界上最大的祭天建筑——天坛

天坛是世界上保存下来的最大祭天建筑群，以其严谨的建筑布局、奇特的建筑构造和瑰丽的建筑装饰著称于世。它还是中国古代最富建筑美学表现力的范例，于1998年11月被列入《世界遗产名录》。

"天子"祭天而筑

在中国古代，皇帝也称"天子"，而皇帝祭祀天地则被看作是最高国务活动。中国皇帝祭天的地方叫天坛。早在隋唐时期，长安（西安）就建有天坛，高8米，12面均有台阶，后世称为"天下第一坛"，可惜在唐末被废弃了。

北京的天坛始建于明朝永乐十八年（1420)，位于北京南城正阳门外，永定门内东侧，是明清两代皇帝祭天的地方。

天坛最初叫天地坛，在此地合祭天地。明嘉靖九年（1530），皇帝分祀天地，决定将此处只做祭天之所，另建地坛祭地。天地坛自此改称天坛。

明清两代，天坛作为皇帝祭天的圣地，任何人不可侵犯。但1860年英法联军攻入北京后，曾闯入天坛，大肆掠夺。1900年，这里又成为八国联军的司令部和兵营，天坛再遭蹂躏。

新中国成立以后，天坛经过多次维修，是第一批全国重点文物保护单位。

最富表现力的祭天建筑群

北京天坛东西长约1700米，南北宽约1600米，占地近3平方千米。有内、外两道围墙。外墙原来只有一座西门，为正门。内墙有四门，称东、西、南、北"四天门"。整个天坛因此被分为内坛和外坛。

内坛又一分为二，南为圜丘，北为祈谷坛（祈年殿）。

圜丘是正式祭天之处，共分3层，每层四面各有台阶9级，九常被古

圜丘鸟瞰图

人用来表示至高至大，因此这座圜丘所有的石板、栏杆、栏板、台阶等，都与九字有关。

坛上层直径 30 米，中层直径 50 米，下层直径 70 米，合起来约 45 丈（150 米），不仅是 9 的倍数，而且还有"九五之尊"的含义。

圜丘的中心是一块圆形大理石。从中心的圆形大理石向外，是 3 层台面，每层都铺有 9 环扇面形状的石板，上层第 1 环为 9 块，第 2 环为 18 块……第 9 环为 81 块。中层从第 10 环的 90 块起，亦以此类推。这些石板形状相同，大小一致，几百年至今，接缝依然严密无隙，使后人不得不钦佩古代工匠高超的工艺技术水平。

更奇妙的是，当有人站在圜丘中心的圆形大理石上说话，就会听到非常洪亮的回音。这是古代工匠的艺术杰作，但当年的封建统治者却硬说这是上天垂象。

圜丘往北是它的附属建筑皇穹宇，这是专为供奉"皇天上帝"牌位而建。皇穹宇是一座青色琉璃瓦攒尖顶圆形大殿，高 19.5 米，直径 15.6 米。它以 8 根檐柱支撑屋檐，8 根金柱支撑屋顶。整座大殿构造精致，外貌瑰丽，殿外围有圆形矮墙。墙身用磨砖对缝砌筑，表面平整光滑。

皇穹宇的北面是成贞门。从成贞门到祈年殿有一条甬道，叫丹陛桥。甬道南端高出地面 80 厘米，北端则高出地面 2.4 米以上，这样一来，通过甬道从南向北向祈年殿行走，是一个缓慢的上坡过程，当初皇帝在行走的时候，可以看到两边的树木在不知不觉间变低了，皇帝自然会产生一种身

临天境的感受。古代的工匠用如此简单的办法为当年的皇帝创造了接近上天的意境。

祈年殿

走过漫长的甬道，穿过庑殿式门屋，就是祈年殿。

祈年殿高32米，直径达24米多，是昔日北京城最高的几座建筑物之一。它有三圈木制柱子，这些柱子分别承托了各层屋檐的重量，这种结构方式，是我国古代木结构建筑的典范。

整个天坛，只疏朗地布置圜丘、丹陛桥和祈年殿等少量建筑，其余空间满植翠柏。圜丘、丹陛桥和祈年殿都高出这些翠柏，站在上面放眼望去，可以看到树梢。这样就衬托出一种与天相接的效果。

另外，天坛主要建筑都是圆形，地面布局则为方形，体现了"天圆地方"的传统观念；而圆形建筑这简单、明确的形体，能给人造成庄严肃穆的效果。

所以说，天坛是中国古代建筑群中最富表现力的一例。

"天下第一塔"——大报恩寺琉璃宝塔

> 大报恩寺是中国历史最为悠久的佛教寺庙，史称"江南佛寺之始"；明清时期成为中国的佛教中心。明成祖为纪念其生母贡妃而建琉璃宝塔，是当时全国最高的建筑，而且遍体以五彩琉璃为装饰，被称为"天下第一塔"。

江南佛寺之始

大报恩寺位于江苏省南京市秦淮区中华门外，是中国历史上最为悠久的佛教寺庙，寺内的阿育王塔建于东汉献帝兴平年间 (194—195 年)。三国时，吴主孙权在此建造建初寺，是继洛阳白马寺之后中国的第二座寺庙，也是中国南方建立的第一座佛寺，被誉为"江南佛寺之始"，与灵谷寺、天界寺并称为金陵三大寺，下辖百寺。

此后晋隋至唐，该寺屡有修建，并有建初寺、长干寺、报恩寺等名称。北宋时，僧可政得唐代玄奘大师顶骨舍利，于长干寺建塔瘗藏；后重修长干寺，又改称天禧寺，塔名"圣感"。

元至元二十五年 (1288)，诏改天禧寺为"元兴慈恩旌忠教寺"，改塔名为"慈恩塔"。明永乐十年 (1412)，明成祖为纪念父亲朱元璋和生母马皇后，于建初寺原址重建，称为"大报恩寺"，历时达 19 年，耗费 248.5 万两白银，十万军役、民夫。

大报恩寺施工极其考究，完全按照皇宫的标准来营建，金碧辉煌，昼夜通明。整个寺院规模极其宏大，有殿阁 30 多座、僧院 148 间、廊房 118 间、经房 38 间，是中国历史上规模最大、规格最高的寺院，为百寺之首，从此成为明清佛教的中心。

可惜乱世毁珍宝，公元 1865 年，大报恩寺琉璃宝塔在南京城南屹立 444 年之后，在太平天国天京事变的战火中被毁。

天下第一塔

大报恩寺琉璃宝塔雄踞于寺北，高达 78.2 米，9 层 8 面，周长百米，自建成至衰毁一直是中国最高的建筑。

该塔通体用琉璃烧制，建筑工艺神乎其技，用工极奢华。外壁为巨型白瓷胎五色琉璃贴面，每块重千斤，拱门琉璃门券。底层建有回廊。

塔室为方形，塔檐、斗拱、平坐、栏杆饰有狮子、白象、飞羊等佛教题材的五色琉璃砖。史载"塔上下金刚佛像千百亿金身……斗榫合缝，信属鬼工"。

九层琉璃塔的每一面墙壁之上，都有 2 扇窗户，共计 144 扇。这些窗户全部用磨制得极薄的蚌壳进行封闭，窗内也设有长明篝灯 144 盏，每盏芯粗 1 寸左右。无论是月落星稀的傍晚，还是风雨如注的黑夜，钟山脚下的丛林之中和大江之上的渔舟之内的人们，也能够看见这座高塔上永不熄灭的灯光。

琉璃宝塔是世界建筑史上的奇迹，被当时西方人视为代表中国的标志性建筑，"东方建筑艺术最豪华、最完美无缺的杰作"，把它与土耳其索菲亚大清真寺、意大利比萨斜塔、埃及亚历山大陵等并称为中世纪"世界七大奇观"。

大报恩寺琉璃宝塔夜景

"天下第一仙山"——武当山建筑群

武当山上的道教宫观建筑群规模宏伟、工程浩大，世界闻名，集中体现了中国元、明、清三代世俗和宗教建筑的建筑学艺术成就，不仅是中国古代建筑规划与设计的典范，也是世界古代建筑史上的奇观，因此被列入世界文化遗产名录。

"天下第一仙山"修建的道教建筑

武当山位于湖北省丹江口市西南，是我国著名的道教圣地，被誉为"天下第一仙山"。武当山不仅风景美，而且是我国一座建筑文化宝库，尤其是山上的道教宫观建筑，在世界上久负盛名，称得上是世界古代建筑史上的奇观。

武当山古建筑群始建于唐代贞观年间，在唐太宗李世民诏令下，武当山建成了五龙祠。宋代，武当山上开始建造道观建筑。

明代更是武当山建筑的鼎盛时期。明永乐十年(1412)，明成祖朱棣下旨重点建设武当，遣500名钦差官员率30万军民夫匠，历时13年，共建成8宫、9观、36庵堂、72岩庙等33组建筑群。

以后明朝诸帝纷纷扩建宫观，到嘉靖三十一年（1552）"治世玄岳"牌坊建成，形成了长达60千米，殿宇房屋2万多间，建筑面积160余万平方米的规模庞大的建筑群。

杰出的建筑技术与道教文化的组合

武当山上，据不完全统计，宋、元、明、清时期，武当山曾有各种宫观道院、亭台楼阁500多处。如此数量宏大的建筑群，布局井然，气势宏大，富有皇家气派。

整个建筑群荟萃了我国古代优秀建筑法式，主要宫观的布局依照皇家建筑法式统一设计布局，按照八卦布局，主题突出，散而不乱，以金顶为

中心，八大宫为主体，神道为轴线，把所有建筑连成一体。

武当山建筑群工程浩大，工艺精湛，还体现出建筑与自然和谐相处，反映了道家"天人合一"的思想。

这里的所有建筑布局设计均巧妙利用峰峦岩涧和奇峭幽壑，每个建筑单元都嵌在峰、峦、坡、坨、崖、涧之间，无不依山就势，浑然天成。

另外，武当山各建筑单元规模的大小、间距的疏密，无不恰如其分，给人以庄严威武和玄妙神奇之感。

其中最有代表性的古建筑是遇真宫、玉虚宫、紫霄宫和金殿。

遇真宫建于明永乐十年（1412），是专为纪念武当派开山祖师、武当内家拳的创始人张三丰而建的。它背依凤凰山，面对九龙山，左为望仙台，右为黑虎洞，山环水绕，景色宜人。

遇真宫建筑保存较为完好，宫院内由前至后分布着琉璃八字墙、宫门、东西配殿、左右廊庑、斋堂、真仙殿等。

真仙殿是遇真宫内的主要建筑，专为供奉张三丰而建，建筑风格为廊庑顶式，面阔、进深均为3间。殿内保存下来的张三丰鎏金铜像为明永乐年间御制，是一尊极为珍贵的明代塑像艺术佳作。

玉虚宫乃张三丰修炼之所，规模非常庞大，由外罗城、紫禁城、里罗城3城组成。紫禁城和里罗城均采取宫廷建筑法式，以严谨的中轴线对称布局，两建筑的殿堂都建造得富丽堂皇，有一种帝王之气。

紫霄宫是武当山现存宫观中规模最大、保存最完整的一座。它坐北朝南，借山势的壮丽，采取欲扬先抑、先疏后密、首尾相顾、遥相呼应的手法建成。中轴线上依次有金水桥、龙虎殿、御碑亭、焚帛炉、十方堂、东西道院、大殿、左右配殿、父母殿等。

紫霄宫正殿紫霄大殿是砖木结构，重檐歇山式，绿色琉璃瓦屋面，顶部正脊、垂脊、角脊上饰以各种琉璃飞禽走兽，上檐翼角为飞龙，下檐翼角为彩凤，脊中立宝瓶。

大殿内部不仅飞金流碧，富丽堂皇，且构思巧妙，深含哲理。整个大殿由36根杉木巨柱支撑，暗喻36天罡星；殿内神龛上供奉着数以百计的神像、供器，多为元、明两代制品，十分珍贵。

金殿巍然屹立在武当山天柱之巅的石筑平台之上，为铜与黄金铸造的仿木结构，用插榫、焊接安装而成，但丝毫不见铸凿的痕迹，其工艺达到了明代铜铸艺术的最高境界。

因为金殿造得严丝合缝，密不透风，殿内空气不能形成对流，所以即使是殿外狂风怒吼，殿内神灯也丝毫不受影响，因此殿内神灯能长明不灭。

值得一提的是，全武当山只有金殿采用了皇宫规格的重檐庑殿顶的建筑形式，金殿所在的天柱之巅在全武当山地形最高，所以有君临天下之感。它建成后，武当山形成了以金殿为中心、全山建筑与之相吻合的建筑格局。

金殿

"长江三大庙"之——上海城隍庙

上海城隍庙是长江流域重要的道教宫观，始建于明代永乐年间，距今已有近600年的历史。风雨沧桑，朝代更迭，上海城隍庙也历经兴衰。城隍庙里供奉的城隍神，多数在历史上确有其人，呈现出长江城隍庙的文化底蕴。

城隍文化催生的神祇建筑

城隍庙位于上海市黄浦区方浜中路，是江南重要的道教庙宇，与武汉龙王庙、南京夫子庙并称为"长江三大庙"。传说逢三国时吴主孙皓就建有神祇，明永乐年间扩建为城隍庙。

城隍神是城市的保护神，又称城隍爷，是汉民族民间和道教文化中普遍崇祀的重要神祇之一。中国最迟到南北朝时期就已经有了祭祀城隍神的记载；自唐代开始，民间已普遍祀奉城隍神。

城隍历史上均确有其人，能够成为城隍神的人，或是一些有政绩的地方官，或是国家的功臣，或是生前行善的正直之士。总之，他们都为了国家和百姓做出了功绩，而被供奉为本地的城隍神。

明初，朱元璋略定中原，大封功臣，除赐封开国功臣们不同的爵位之外，还敕封各地城隍神为"显佑伯"。城隍就此由护卫神变为阴界监察系统，道教因之而称城隍神职司为剪除凶逆，领治亡魂等。

当时有上海名士秦裕伯(1296—1373)，生前朱元璋3次征召而不受。他去世后，当时上海地区传闻吴越王后裔钱鹤皋变作厉鬼作祟，于是朱元璋敕封秦裕伯为"显佑伯"，称"上海邑城隍正堂"。从此，上海开始供奉秦裕伯；永乐年间扩建后，成为规模宏大的建筑群。

中国南方大式建筑的代表

上海城隍庙以其历史悠久、建筑宏伟而著称，在国内外享有盛名。其殿堂建筑属南方红墙泥瓦的典型大式建筑，在建筑风格上仍保持着明代格局，殿宇宏伟，飞檐耸脊，彩椽画栋、翠瓦朱檐，气势庄严。

城隍庙的建筑采用的是悬山式屋顶，屋顶用的是绿色琉璃瓦顶，檐下用的是三昂七踩斗拱，三幅云昂嘴，耍头呈象鼻状。整体的里面效果给人以精致、大气、结构坚实的感觉。

城隍庙坐北朝向南，内部有大门、二门、戏楼、大殿、寝宫、东西廊庑，沿中轴线依次排列，庙内主体建筑有大殿、元辰殿、父母殿、关圣殿、文昌殿等9个殿堂，总面积约2000平方米。

这些殿堂建筑主要由朱红、黛绿两种颜色构成，朱红色的柱子、门扇、窗，黛绿色的屋顶，给人以庄严肃穆的气氛。而朱红色的正门上点缀黄色的门钉，配上黛绿屋顶，使檐下更为森肃清冷，整个建筑外观更加明确生动。

整个建筑色彩偏暗，朱红、黛绿两色与地面的灰色、植物的绿色及天空的蓝色相映成趣，起到了积极的心理引导作用，使整个区域内显得静谧、庄严。

上海城隍庙

澳门最著名名胜之一——妈阁庙

澳门妈阁庙又称妈祖阁，是澳门最早的道教庙宇之一，已有逾500年历史，是澳门三大古刹中历史最悠久的，数百年来一直香火不绝，"妈祖文化"也因此成为中华民族优秀传统文化的重要组成部分。

澳门三大禅院之首

澳门妈阁庙位于澳门半岛南端妈祖山下，原称妈祖阁，又名海觉寺、妈祖庙、天后庙，是为纪念被民间尊奉为海上保护女神的天后娘娘妈祖而建。

"妈祖"在福建话里是"母亲"的意思。"妈祖"在历史上本是宋朝福建莆田人林默，她自幼聪颖，得道家秘传法术，经常在海上搭救遇难船只。据说她"升天"之后，仍屡次在海上显灵，救助遇难之人。人们感其恩德，尊为护航海神，尊称其为"妈祖"。

林默海上救人的故事和传说逐步被人们神化，得到信仰者广泛热烈的信奉。历代王朝也顺应民心支持妈祖信仰，宋代封妈祖为"夫人"；元、明二朝加封为"天妃""天后娘娘"。

明代弘治元年（1488），朝廷下令在妈阁山修建弘仁殿；万历三十三年（1605）至崇祯二年（1629）又再重修，就成了后世的妈阁庙，与普济禅院、莲峰庙并称为澳门三大禅院，而妈阁庙为三大禅院之首。

古朴典雅的东方庙宇建筑

澳门妈阁庙是著名的东方式庙宇建筑，背山面海，沿崖建成。整座庙宇包括大殿、弘仁殿、观音阁、正觉禅林4座主要建筑，石狮镇门、飞檐凌空，是一座富有中国文化特色的古建筑。

大殿为供奉天后的其中一个神殿，有"神山第一殿"之称，它和正门建筑、牌坊及半山腰上的弘仁殿在空间上成一直线。该建筑主要由花岗石

澳门妈阁庙

及砖头砌筑而成，其中花岗石作主导，无论柱、梁、部分墙身以至屋顶均由此材料修筑。

大殿两边墙体均开有大面积琉璃花砖方窗，而在较高位置的气窗是圆形。在石造之屋顶上又铺设琉璃瓦顶，并以夸张的飞担装饰正脊及垂脊，而其屋顶造型又分两部分，在朝拜区之屋顶以歇山卷棚顶形式出现，而神龛区上方之琉璃屋顶则为重檐庑殿式，飞檐纯朴有力。

弘仁殿规模最小，只有3平方米左右，石屋顶上有绿色琉璃瓦及飞檐式屋脊装饰。以山上岩石作后墙，再以花岗石作屋顶及两边墙身，两侧墙身内壁有天后之侍女及魔将浮雕，天后神像则置于山石前。

位于最高处的观音阁，主要由砖石构筑而成，其建筑较为简朴，为硬山式做法。

正觉禅林由供奉天后之神殿及静修区组成，静修区建筑为闽南民房般的硬山式砖结构；而神殿则为一四架梁结构。主殿两侧廊为卷棚式屋顶，主殿区被两列各三支柱分为3个开间，屋顶为琉璃瓦坡顶。

神殿两边侧墙顶部为具有浓烈闽南特色的金字形"镬耳"山墙；内院前的正立面由左至右可分为5部分，中间最高两边渐低，墙身有泥塑装饰，墙顶则以琉璃瓦装饰。

琉璃瓦顶上之飞檐及瓷制宝珠装饰，亦显示出此殿之重要性。在琉璃瓦檐下，也有3层象征斗拱之花饰，中间开有一圆形窗洞。

民居建筑的"奇葩"——福建土楼

土楼是福建客家人引以为豪的建筑形式,是福建民居中的瑰宝。建筑中具有强烈的人文因素,堪称"天、地、人"三结合的缩影。土楼具有极高的历史、艺术和科学价值,被誉为"东方古城堡""世界建筑奇葩"。

汉人迁徙聚族而居产生土楼

土楼,俗称"生土楼",因其大多数为福建客家人所建,故又称"客家土楼"。被列入世界文化遗产名录的 46 座福建土楼由六群四楼组成,主要分布在福建西部和南部崇山峻岭中,包括福建省永定县的初溪土楼群和洪坑土楼群,南靖县的田螺坑土楼群和河坑土楼群,华安县的大地土楼群等。

福建土楼的形成,与历史上中原汉人几次著名大迁徙相关。西晋永嘉年间即公元 4 世纪,北方战祸频发,天灾肆虐,当地民众便大举南迁,由此形成了"客家人"这一特殊群体。

闽西南山区正是南迁中原汉人的聚居区域,此地经常有野兽出没,盗匪四起。中原移民聚族而居,共御外敌。为此,这些中原移民依据中国传统建筑规划的"风水"理念,依山就势,布局合理,巧妙地利用了山间狭小的平地和当地的生土、木材、鹅卵石等建筑材料,建造了满足聚族而居的生活和防御要求的土楼。

福建土楼产生于宋元,早期土楼规模较小,结构较简单,大多没有石砌墙基,装饰也较粗糙,形式基本为正方形、长方形。

到了明代,随着经济、文化的发展,居民愈加重视教育,置学馆,设书院,劝民入学,渐成风气。通过科举致仕不断涌现。这些发迹官宦之家,大兴土木,按中原通都大邑的建筑规制兴建土楼,建筑形式渐趋考究,功能也向多样化发展,标志着福建土楼进入发展阶段。

清代和民国时期,随着当地经济的发展与生态环境认识的提高,居民对住宅提出更高的要求;同时由于人口的增长,迫切需要建造更大规模的

初溪土楼群

楼房来适应家族的兴旺，居住的安全，于是便建造了殿堂式的土围楼，以及方形、圆形等规模宏大、类型多样、工艺精湛、装饰华丽的土楼，可称为福建土楼的鼎盛时期。

由此便形成了福建土楼丰富多彩的样态。如直径66米的集庆楼已届600岁高龄，直径31米的善庆楼则仅有几十年历史，将源远流长的生土夯筑技术在这里推向极致。

聚族而居的福建土楼是个丰富多彩的小社会，永定承启楼拥有384个房间，最多时曾住过800多人，大家都生活在一起。因此，土楼同时又糅进了人文因素，堪称"天、地、人"三方结合的缩影。

土楼之王　国之瑰宝

福建西南的土楼民宅，广泛散布在永定、武平、上杭、南靖、平和、华安、漳浦等地，高可达四五层，供三四代人同楼聚居。

其中华安县仙都镇大地村的二宜楼是我国圆土楼古民居的杰出代表，素有"土楼之王""国之瑰宝"之美誉，它以规模宏大、设计科学、布局合理、保存完好闻名遐迩。

福建土楼的建筑布局，最显著的特点是：单体布局规整，中轴线鲜明，主次分明。它们既采用了整齐对称、严谨均衡的布局形式，又创造性地"因天材、就地利"，按照自然条件及风俗习惯等进行灵活布局。

土楼内部

　　土楼的房间的规格大小一致，建筑结构极为规范。楼内均有天井，可储存供半年以上生活所用的粮食。由于墙壁较高较厚，犹如一座坚固的城堡，既易于防盗和防匪，又可防潮保暖、隔热纳凉。

　　更巧妙的是，土楼的烟囱一律砌入土墙内，使厨房免受黑烟污染，十分洁净。

　　土楼的造型、装饰和建造工艺世所罕见，它是以生土作为主要建筑材料，经过反复揉、舂、压建造而成。楼顶覆以火烧瓦盖，经久不损。土楼是世界上独一无二的山区大型夯土民居建筑。土楼的形状不单是最常见的圆形，还有着方形、交椅形等形状。

　　土楼的主体建筑多采用土木结构，楼内的建筑大多数为砖木结构。土楼能承载如此巨大的重量，且经风雨数百年而不倒，除了它独特的建筑结构外，其运用黄土、石灰和河沙三者混合的"三合土"夯打而成的墙体相当坚实，有着坚不可摧的防御功能，这也是关键因素。

　　土楼内部窗台、门廊、檐角等也极尽华丽精巧，实为中国民居建筑中的奇葩。

民居"活化石"——吊脚楼

吊脚楼也叫"吊楼"，是中国西南地区苗族、壮族、布依族、侗族、水族、土家族等族的传统民居，最原始的雏形是一种干栏式建筑。它临水而立、依山而筑，采集青山绿水的灵气，呈现出"天人合一"的美妙境界。

依山而"吊"的古老建筑

吊脚楼是中国渝东南及桂北、湘西、鄂西、黔东南地区苗族、壮族、布依族、侗族、水族、土家族等族的具有古老传统的民居。

在这些地区郁郁葱葱的山坡上，清澈的小河边，或坝子的边缘，都点缀有吊脚楼的存在。它们如同晶莹的星斗洒落在苍茫的山水间，使优美的自然山水中充满了人文气息；就像歌舞对于这些民族一样，如果缺少了吊脚楼，这片土地就少了许多生气。

吊脚楼的历史，甚至可以追溯到人类的记忆尚处于模糊不清的原始时代。据说早在有巢氏时期，他们就创造出了吊脚楼，堪称历史舞台上最古老的民居。

在鄂西土家族中，广泛流传着吊脚楼由来的传说：

很久以前，土家人祖先因家乡遭了水灾，被迫迁移到鄂西来，当时这里古木参天、荆棘丛生、豺狼虎豹随处可见，土家人们搭建的"狗爪棚"常遭到猛兽和毒蛇的威胁。后来一位老人想到了一个办法，利用现成的大树作架子，捆上木材，再铺上野竹树条，在顶上搭架子盖上顶篷，修起了大大小小的空中住房，吃饭、睡觉都在上面，从此再也不怕毒蛇猛兽的袭击了。这种"空中住房"的办法流传开来，就演变成了吊脚楼。

"天人合一"的建筑艺术

吊脚楼多依山靠河就势而建，呈虎坐形，属于干栏式建筑，但又与一般的干栏不同，并非全部悬空，所以吊脚楼可称为半干栏式建筑。

吊脚楼　　　　吊脚楼讲究朝向，或坐西向东，或坐东向西。它采集青山绿水的灵气，与大自然浑然一体，小巧精致，清秀端庄，古朴之中呈现出契合大自然的大美。身临其境，可令人顿然忘却俗世的烦恼，体验到"天人合一"的美妙境界。

从形式上分，吊脚楼可分为单吊式、双吊式、四合水式、二屋吊式、平地起吊式等。同时，各个民族的吊脚楼风格也均有各自不同的特点。

从总体来看，吊脚楼均是选择一块平地，用木柱撑起分上下两层或三层，上面一两层通风、干燥、防潮，是居室；下层关牲口或用来堆放杂物。

房屋规模一般人家为一栋4排扇3间屋或6排扇5间屋，中等人家5柱2骑、5柱4骑，大户人家则7柱4骑、四合天井大院。

最典型的是4排扇3间屋家庭，除了屋顶盖瓦以外，上上下下全部用杉木建造。屋柱用大杉木凿眼，柱与柱之间用大小不一的杉木斜穿直套连在一起，虽没用一个铁钉，也十分坚固。

二层或三层中间为堂屋，左右两边称为饶间，作居住、做饭之用。饶间以中柱为界分为两半，前面作火炕，后面作卧室。第三层除作居室外，还隔出小间用作储粮和存物。

吊脚楼上有绕楼的曲廊，曲廊还配有栏杆；房子四周有的还建有吊楼，楼檐翘角上翻如展翼欲飞。

第八章
清朝时期的建筑

　　乾隆皇帝很欣赏西洋绘画和钟表，他决定要考验一下欧洲建筑，于是便让意大利传教士郎世宁为他设计了一个新的夏宫。乾隆把新的宫殿用来存放他越来越多的欧洲收藏品，并在1783年让人制作了一套院内建筑和景观的铜版画。在1860年，该园被英法联军烧毁，其废墟至今还在向游人开放。

——《剑桥中国史》

皇家寺院——雍和宫

雍和宫是在清雍正皇帝即位前曾居住过的王府和登基后的行宫基础上改建的庙宇，因乾隆皇帝也诞生于此，雍和宫是两位皇帝的"龙潜福地"，所以殿宇与紫禁城皇宫一样规格。后改为喇嘛庙，成为清代规格最高的皇家寺院。

"龙潜福地"改造而来的佛教寺院

雍和宫位于北京市区东北，清康熙三十三年 (1694)，康熙帝封皇四子胤禛为雍亲王，并下旨在原明代太监官房处建造府邸，称雍亲王府。

雍正即位后，将当年居住的王府一半改为黄教上院，另一半作为行宫。后行宫为火所焚，遂于雍正三年 (1725) 将上院改为行宫，称"雍和宫"。

1735 年，雍正驾崩，曾于雍和宫停放灵柩，因此，将宫中主要殿堂的绿色琉璃瓦改换为黄色琉璃筒瓦。

因乾隆皇帝诞生于此，雍和宫出了两位皇帝，是名副其实的"龙潜福地"，所以殿宇为黄瓦红墙，与紫禁城皇宫一样规格。

乾隆九年 (1744)，雍和宫改作正式的藏传佛教的喇嘛寺庙，特派总理事务王大臣管理本宫事务，从此成为清政府掌管全国藏传佛教事务的中心，是清朝中后期全国规格最高的一座佛教寺院。

新中国成立后，政府于 1950 年、1952 年、1979 年，进行全面修整，并于 1961 年公布为全国重点文物保护单位；1983 年又被国务院确定为汉族地区佛教全国重点寺院。

融各民族建筑艺术于一体

雍和宫坐北朝南，从飞檐斗拱的东西牌坊到古色古香东、西顺山楼共占地面积 6.6 万平方米，有殿宇千余间，其中佛殿就有 238 间。

雍和宫的建筑风格非常独特，融汉、满、蒙等各民族建筑艺术于一体。

雍和宫

整座寺庙的建筑主要由 3 座精致的牌坊和天王殿、雍和宫大殿、永佑殿、法轮殿、万福阁 5 进宏伟大殿组成，另外还有东西配殿、"四学殿"。建筑布局院落从南向北渐次缩小又依次升高。

天王殿原为王府的宫门，后改建为天王殿。殿面阔 5 间，黄琉璃筒瓦歇山顶，重昂五踩斗栱，和玺彩画，前檐为障日板，明、次间为壸门，梢间为壸门式斜方格窗。后檐为五抹斜方格门窗，明、次间为门，梢间为窗。殿内为井口天花，地铺方砖，供有布袋尊者和四大天王塑像。

雍和宫殿原为王府银安殿，黄琉璃筒瓦歇山顶，面阔 7 间，单翘重昂斗栱，和玺彩画，前有月台，围以黄、绿、红琉璃砖花墙，明间上悬雕龙华带匾，中刻满、汉、蒙、藏四种文字所题"雍和宫"。殿内供有三尊青铜质泥金佛像，以及蒙麻泼金十八罗汉像。

永佑殿也是黄琉璃筒瓦歇山顶，"明五暗十"构造，即外面看是五间房子，实际上是两个 5 间合并在一起改建而成的。

法轮殿为举行法事的场所，建筑平面呈十字形，面阔 7 间，黄琉璃筒瓦歇山顶，前出轩后抱厦各 5 间，轩厦均为黄琉璃筒瓦歇山卷棚顶。殿顶四边各有一黄琉璃筒瓦悬山顶天窗，殿顶及天窗顶各建有一藏族风格的鎏金宝塔。

万福阁是雍和宫寺庙建筑群中北端最高的建筑。阁为黄琉璃筒瓦歇山顶，重檐重楼，高 25 米，上、中、下各层面阔、进深均为 5 间。

王献臣弃官建拙政园

苏州古典园林是江南私家园林的杰出代表，尤其最具代表性的拙政园，其山水布局极具匠心，以少胜多、以简驭繁，更是我国古典园林的艺术杰作。它与北京颐和园、承德避暑山庄、苏州留园一起被誉为"中国四大名园"。

王献臣弃官归隐造园林

拙政园位于江苏省苏州市内东北角，始建于明代正德四年（1509），至今已有 480 多年的历史。

明正德初年，御史王献臣遭到奸臣的排挤，一气之下，干脆辞官，回到故乡苏州，买下了苏州齐、娄门之间的元代大宏寺遗址，营建园林。

王献臣在建造时，依据中国古典园林"因地制宜，顺应自然"的造园法则，利用原有地形的特点，将积水的低凹之处挖成一水池，然后围绕着水池错落有致地建造了楼、堂、轩、亭、榭等 31 处建筑物，又在水池边和花木丛中点缀了不少太湖石，构成了富有江南水乡风貌的自然山水式园林景色。

王献臣将园名取作"拙政"，寓意颇深，反映了他当时的心态。王献臣辞官归乡后，满腹牢骚，借用了潘岳《闲居赋》中"灌园鬻蔬，以供朝夕之膳，……此亦拙者之为政也"句意作为园名。意思是说：自己是个无官职的"笨拙之人"，以讥讽朝廷中那些把升官发财、图谋私利作为"政事"的"聪明人"。

明嘉靖十二年（1533），"吴中四才子"之一的文征明（1470—1559）写了一篇《王氏拙政园记》，又画了园中 31 景，并配有诗文题咏，这使得拙政园名气更大了。

王献臣死后，他的不肖之子一夜巨赌，就将园子输给了别人。此后，拙政园一分为三，多次被人肆意改建。

到了 1860 年，太平天国忠王李秀成在此建造王府，大兴土木，现在

园中的建筑多为当时遗物。

拙政园内景

  1961 年 3 月，拙政园被列为首批全国重点文物保护单位；1997 年，经联合国教科文组织批准，列入"世界遗产名录"。

园林建筑艺术的精华

  今日的拙政园包括中、西、东三部分，占地约 4 万平方米。

  园门入口是一方很小的天井庭院，内有一株文征明亲手种植的紫藤。拙政园的腰门在园门之后，上高悬隶书贴金的"拙政园"匾额。腰门前迎面是一座黄石假山，山上树木葱茏，犹如一道绿色的屏障，将园中景色隐藏不露。这就是园林艺术中常用的"障景"手法。

  中部是全园精华所在，面积为 12333 平方米，总体布局以水池为中心，临水建有 20 余座建筑物。虽然建筑物大多是清代后期风貌，但总的格局上仍然继承了明代拙政园朴素大方的风格，具有鲜明的江南水乡特色。

  拙政园的主体建筑是远香堂，堂三开间，单檐歇山顶，采取四面厅的做法，长窗透空，环观四周景物，犹如观赏长幅画卷。

  远香堂北，临水池设宽敞的平台。水池中垒土石构成东西两山。西山上建有长方形平面的雪香云蔚亭，东山上建有六角形的待霜亭。两山溪谷间架有小桥，桥东是梧竹幽居亭。此亭四面设圆洞门，透门望池，风景若入环中。

  远香堂东面另有土山一座，山上建有绣绮亭。土山之南是枇杷园，园

123

拙政园远香堂

内以轩廊小院自成一区。枇杷园北侧云墙上有一圆洞门，名"晚翠"。

综观中部园林布局，池水为其中心。园内建筑大都临水，造型轻盈活泼。因水多而桥多，平桥低栏，简洁轻快，与平静的水面及幽雅的环境十分协调。空间划分，一般利用山池、树木、房屋而少用围墙，所以园内空间处处沟通，互相穿插，形成丰富的层次。

拙政园东部原为明末"归田园居"遗址，面积约2万平方米，20世纪50年代末重建了兰雪堂、芙蓉榭、天泉亭、放眼亭、秫香馆等。相对来说，东部建筑物比较少，这里环境空旷，具有明快开朗的特色。

拙政园的西部面积最小，约8333平方米，有曲折的水面和中区大池相接。

西部的建筑以南侧的鸳鸯厅为最大，厅内以隔扇和挂落划分为南北两部，南部名"十八曼陀罗花馆"；北部名"三十六鸳鸯馆"。

扇面亭隔池与鸳鸯厅相望。此亭造型小巧玲珑，别开生面。

从总体上看，西部回环有余而辽阔不足。面积有限，匠师想方设法地拓展立体及想象的空间，让人能"小中见大"，实属难能可贵。

拙政园的山水，再现了"南山低小而水多，江湖景秀而华盛"的神韵。其建筑手法以小见大，极具匠心，极具魅力。

西藏最庞大的宫堡建筑群——布达拉宫

布达拉宫是建于世界屋脊上的西藏佛教寺院，是世界上海拔最高，集宫殿、城堡和寺院于一体的宏伟建筑，也是西藏最庞大、最完整的古代宫堡建筑群。布达拉宫群楼重叠，殿宇嵯峨，是藏式古建筑的杰出代表，也是中国建筑史上的精华之作。

源自文成公主入藏和亲

布达拉宫坐落在拉萨古城西北郊红山上，红山又名"玛布日"；布达拉即梵语"普陀罗"的音译，是佛教世界观音胜地的意思。

布达拉宫的历史，可以追溯到唐代文成公主嫁于松赞干布这件藏汉关系史上一件意义深远的大事。因为布达拉宫就是松赞干布为文成公主建造的，成为汉藏民族团结的象征。

据史料记载，布达拉宫是一座坚固异常、精美绝伦的城堡，有1000间房屋。只可惜它已被毁坏，只有布达拉宫里的观音堂是唯一幸存下来的唐代建筑。而现存的布达拉宫，是在1000年后的清代，由五世达赖罗桑嘉措重建的。

罗桑嘉措重建的布达拉宫，既是当时西藏地方的行政机关，又是西藏佛教寺院，还是达赖活佛生活起居的宫殿。整座布达拉宫占地约有1万多平方米，主体建筑有600余间，主楼高13层，是西藏现存最大、最完整的中国传统高层建筑，也是世界上最著名的古建筑之一。

藏式古典建筑的精华之作

布达拉宫依山而建，按照红山的自然地形由南麓梯次延伸到山顶，其中红宫高13层，东西白宫最高处达7层。

布达拉宫主要是以白宫和红宫两个功能不同的部分组成。白宫和红宫以外表粉饰的红、白不同颜色严格地区分。

布达拉宫外景

布达拉宫的色彩对比鲜明，具有深刻的象征意义。宫殿的外部颜色是明亮的白、黄、红三色。白色象征恬静、和平，黄色象征圆满、齐备，红色象征威严、力量。

布达拉宫的建筑格局也主次分明；白色寝宫傲然耸立，红宫则后来居上，其他各类建筑犹如众星捧月，簇拥左右。俯视四周，低矮、拥挤的僧房、民居、马厩、作坊、监狱等建筑环绕在布达拉宫的四周，这种对比，更显示出布达拉宫的高大。这正是西藏佛教建筑刻意追求的意境。

布达拉宫的宫墙建造得非常有特色，而且东西宫墙的建筑特色各不相同。在建造东部宫墙时，工匠们尽情发挥各自的风格和所长，使得东部的墙体笔直，墙角却尖若刀斧，据说从上部沿着墙角滑下一只整羊，到下面就会划成两半；而西部的墙体则圆浑厚实，讲求流线型，就是从上面滚下一个鸡蛋，到下面也不会打破。

宫墙墙身用高原盛产的优质花岗岩砌筑，个别部位运用了轻便的草坯、牛粪砌墙。而布达拉宫的主体外墙为双层石壁，中间灌注铁汁，从而保证了这一庞然大物的永固，提高了抗震能力。虽然已历经多年的岁月洗礼，至今仍完整无损。

白宫为历代摄政王、达赖经师的寝室、办公之地。顶层是寝宫"日光殿"，因为阳光可以照进大殿内而得名。

日光殿分东西两部分，西日光殿是原殿，东日光殿是后来仿造的。殿内包括朝拜堂、经堂、习经室和卧室等，陈设均十分豪华。

白宫最大的殿堂是东大殿，面积 717 平方米，内设达赖宝座，上悬同治帝书写的"振锡绥疆"匾额。殿内保存着顺治皇帝册封五世达赖喇嘛为"西天大善自在佛所领天下释教普通赤喇怛喇达赖喇嘛"的金册、金印。布达拉宫的重大活动都在此举行。

红宫是从事佛事活动的地方，宫内散布着灵塔殿和佛殿。

红宫的中央最高处是殊胜三界殿，位于红宫的中央最高处。殿内的北面供奉着康熙皇帝的"长生禄位"。靠西墙处是一尊精妙绝伦的银质千手千眼观音像。

殊胜三界殿的西边是长寿乐集殿，殿内设有六世达赖喇嘛仓央嘉措的宝座，佛龛中供奉着千尊无量寿佛像。

红宫最大的殿堂是西大殿，面积为 725 平方米，屋顶由 44 根巨柱支撑，四周各有一个附属殿堂。

西大殿自五世达赖以来，一直是历代达赖举行宗教大典、重要经忏活动的场所。殿内中央摆着达赖喇嘛无畏狮子大宝座及法器茶具；大殿四壁皆是西藏著名画师所绘五世达赖生平传记壁画。

藏有五世达赖喇嘛肉身和释迦牟尼、佛陀迦叶舍利等的五世达赖灵塔，是红宫内最气派的一座灵塔，塔殿有 5 层楼高，塔身高 14.8 米。塔身用金皮包裹，塔上镶有上万颗珠玉玛瑙，显得辉煌眩目，华丽壮美。

布达拉宫之红宫

承德避暑山庄：南北艺术之大成

承德避暑山庄是我国现存最大的皇家园林。它继承了中国古典园林的传统，并融合我国南、北造园艺术，创造了一种独特的园林风格，是中国园林史上一个辉煌的里程碑，享有"中国地理形貌之缩影"和"世界自然山水园林杰出范例"的盛誉。

始自康熙帝的"热河行宫"

17世纪末，康熙皇帝每年秋季都要带领王公大臣、八旗军队，乃至后宫妃嫔、皇族子孙等数万人前往北京北部的木兰围场行围狩猎，以达到训练军队、固边守防之目的。

承德地势较高，夏季气候宜人，同时四周群山环抱，具有营建园林的良好条件。康熙喜欢上了承德这块地方，为了解决大队人马沿途的吃、住问题，决定在此修建"热河行宫"。

在他的诏令下，朝廷从康熙四十二年（1703）至康熙五十二年（1713），开拓湖区、筑洲岛、修堤岸，随之营建宫殿、亭树和宫墙，使避暑山庄初具规模。康熙皇帝选园中佳景以四字为名题写了"三十六景"。

雍正在位时间较短。但随后乾隆帝即位后，从乾隆六年（1741）至乾隆十九年（1754），又对避暑山庄进行了大规模扩建，增建宫殿和多处精巧的大型园林建筑。他仿照祖父，以三字为名又题了"三十六景"，合称为避暑山庄七十二景。

到乾隆五十五年（1790），避暑山庄修建工程才结束，历时87年。伴随避暑山庄的修建，周围寺庙也相继建造起来。

自然山水园林的杰出范例

承德避暑山庄占地5.64平方千米，分为宫殿区和苑景区两大部分。它们或是建筑，或是桥、亭，或是山水林木，都是结合具体环境组合而成的。

这种分散的"集锦式"布局手法，别具一格，形成了山庄质朴无华、淡泊 承德避暑山庄建筑群
清远的风格。

　　宫殿区占地 10.2 万平方米，最主要的一组建筑是"正宫"。它前后
共有 26 幢建筑，组成大小不等的九重院落。当中一幢最长的建筑称为"十九
间殿"。殿南的十几幢房屋是皇帝处理政务的用房，殿北的几幢是皇帝、
后妃们的生活起居用房。

　　这一套宫廷建筑虽完全按照宫廷的体制设计建造，但比京城里的宫殿
要小得多。

　　第三重院落前的建筑是正宫的主殿，称为"澹泊敬诚殿"。它全部用
南方运来的楠木建成，也称"楠木殿"。

　　宫殿区的第三重院落后方还分布着乾隆皇帝母亲居住的"松鹤斋"、
听戏用的"清音阁"、康熙皇帝所居住的"万壑松风殿"等。

　　整个苑景区共有景点 72 个，又可分为委婉秀丽的湖区、粗犷开阔的
平原区和雄伟挺拔的山峦区。

　　湖区是苑景区的最主要部分，面积约 0.8 平方千米，但其中水面就有
0.38 平方千米。临湖水建了大小合宜、高低有致、外观朴素、色调淡雅的亭、
廊、阁、榭。它们有的深入水际，有的临水倚岸，有的湖水环抱，与湖区

承德避暑山庄烟雨楼

的自然环境浑然一体。

　　湖区有许多景点建筑是按照江南园林的格调建成的，如"烟雨楼"相传是乾隆皇帝被江南细雨蒙蒙中的烟雨楼美景所迷恋，下令在山庄仿造的。

　　烟雨楼建在一个面积 0.32 公顷名叫青莲岛的小岛上。主楼高两层，面阔五开间。主楼东边是"青阳书屋"，屋南有方亭，屋北有八角亭。

　　烟雨楼的各个面，无论远近，从各个角度看去都很生动。此外，还有仿照苏州狮子林的"文园狮子林"，仿照杭州西湖的"芝径云堤"等。这些建筑与被仿对象在占地大小、建筑规模上有很大的差别，但在主体轮廓以及回廊、山石、水面、色彩的运用上却有被仿对象的神态。这些建筑将我国南北园林的风格熔于一炉，非常有特色。

　　湖区的北面是开阔的平原区，那里主要是一片碧草如茵、林木茂盛的平地。当年，这里是各种野生和驯养动物的繁育地。据说，当年草地上还点缀着几个蒙古包，皇帝经常在这里与蒙古族的王爷们一起吃抓饭。

　　山庄西北的山峦区占全园面积的绝大部分。它的地形富于变化，林木苍郁，峡谷幽深。在山峦制高点上的亭子可俯览山庄全貌，山庄外的外八庙也可尽收眼底。

"万园之园"——圆明园

圆明园是清代著名的皇家园林之一，有"万园之园"之称。圆明园整个园林艺术构思十分巧妙，在中外园林艺术史上地位显著，是举世罕见的园林艺术杰作。可惜鸦片战争的大火之后，这座旷世名园只留下了残垣断壁、衰草荒沙。

皇家园林　万园之园

圆明园坐落在北京西郊，是清代著名的皇家园林之一，也是一座举世无双的园林。占地面积3.5平方千米，其中建筑面积达0.16平方千米，有"万园之园"之称。

圆明园是一个统称，这一名称是由康熙皇帝命名的，它其实由圆明园、长春园和绮春园组成，所以又称"圆明三园"，主要兴建于康熙末年和雍正时朝。

康熙四十八年（1709），康熙帝赐给尚未即位的雍正一片园林，并御书三字牌匾，悬挂在圆明殿的门上方。

雍正即位后，拓展原赐园，并在园南增建了正大光明殿和勤政殿，以及内阁、六部、军机处储值房，寓意"避喧听政"。

雍正皇帝对于圆明园的扩建非常重视，在雍正三年（1725）七月，内务府委派商人于长生采办圆明园所需石料。雍正帝曾经朱批云："于长生备石之事稍有耽搁，即将其议罪。"可以看出他建园的急迫心情。

乾隆年间，圆明园进行了局部增建、改建，在圆明园的东邻和东南邻兴建了长春和绮春园。这3座园林统称为"圆明三园"，格局基本形成。

清朝中期在园内相继又有多处增建和改建，使得园中的主要建筑达到600座，实为古今中外皇家园林之冠。

但到了1860年，第二次鸦片战争时，英法联军侵入北京，圆明园惨遭抢劫。掠夺之后，指挥官放火焚园。大火之后，圆明园这座旷世名园只留下了残垣断壁、衰草荒沙，80多年来，一直在向中华儿女诉说着昔日的

圆明园盛时全
景模型

富丽堂皇。

举世罕见的园林艺术杰作

圆明园是清朝著名的皇家园林之一，佔地面积约 3.5 平方千米，建筑
面积约 20 万平方米，整个园林艺术构思十分巧妙，在中外园林艺术史上
地位显著，是举世罕见的园林艺术杰作。

圆明三园全盛时期的园林建筑，主要有敷春堂、清夏斋、涵秋馆、生
冬室、四宜书屋、春泽斋、凤麟洲、蔚藻堂、中和堂、碧享、竹林院、喜
雨山房、烟雨楼、含晖楼、澄心堂、畅和堂、湛清轩、招凉榭、凌虚亭等。

长春园是圆明三园中最突出的，占地近 1 平方千米，有园中园和建筑
景群约 20 处。在园林设计规划、造园技艺方面，长春园代表了中国封建
社会后期皇家园林的最高水平。

长春园整体布置疏朗开朗，疏密得当。园门为五楹结构，门外左右各
有铜麒麟一只。入门为正殿澹怀堂，东西有配殿五楹。

正殿之北建方亭一座。亭西为长春桥，十孔。过桥向北即为园内核心
建筑——含经堂建筑群。含经堂建筑群规模富丽宏大，布局参考了紫禁城
宁寿宫，是乾隆退位后常居的住所。

含经堂之北为淳化轩、蕴真斋，其中淳化轩是圆明三园中最宏大的建筑。

含经堂建筑群还包括"得胜盖"敞厅、涵光室、理心楼、味腴书屋等建筑。

含经堂建筑群的西边为思永斋，建工字殿十七楹。思永斋北为海岳开襟。海岳开襟之东为仙人承露台，仙人承露台南为茜园。含经堂之东为玉玲珑馆、鹤安斋、映清斋、茹园、鉴园等建筑。

另外，长春园北边还引进了一批欧式园林建筑，这批欧式建筑群于乾隆十二年（1747）开始筹划，至二十四年（1759）基本建成。它们由谐奇趣、线法桥、万花阵、养雀笼、方外观、海晏堂、远瀛观、大水法、观水法、线法山和线法墙等10余个建筑和庭园组成。这些建筑是欧洲文艺复兴后期"巴洛克"风格，但在建筑装饰方面也汲取了不少中国传统手法。

欧式园林建筑群占地面积不过圆明三园百分之二，只是一个很小的局部而已，但它却是中国成片仿建欧式园林的一次成功尝试。这批建筑群曾在欧洲引起强烈反响，一位目睹过它的西欧传教士赞誉这批欧式园林建筑群可以与凡尔赛宫并驾齐驱。

圆明园西洋楼铜版画着色复原图

133

清朝最大的王府——恭王府

恭王府是北京现存最完整、布置最精细的一座清代王府。它历经了清王朝由鼎盛而至衰亡的历史进程，承载了极其丰富的历史文化信息，故有"一座恭王府，半部清代史"的说法。在建筑上，恭王府的内檐装修在王府文化中别具一格。

一座恭王府，半部清代史

恭王府位于清代京城前海西岸，是一块被"蟠龙水"环抱着的风水宝地，元、明两朝曾经有过一座规模宏大的寺院，香火旺盛，直到16世纪中叶，寺院才逐渐荒废，成为明廷的供应厂。

清朝人主北京后，在这里建造了许多院落，供内务府等普通旗人居住。乾隆四十一年（1776）前后，乾隆皇帝的宠臣和珅相中了这块风水宝地，遂以高价购买下这里的多处房产，建造成大名鼎鼎的"和第"。

嘉庆四年（1799），和珅因罪赐死，嘉庆皇帝遂将这座宅第转赐给他的胞弟永璘；永璘后升至庆亲王。他的孙子庆亲王奕劻任辅国将军，是慈禧太后的宠臣。

咸丰元年（1851），咸丰皇帝将府邸改赐恭亲王奕䜣，他在同治初年身兼议政王、军机领班大臣等要职，显赫一时，乃大筑邸园，同时也对府邸部分进行了修缮与改建，由此得名"恭王府"。恭王府后世的建筑规模与格局，就是在那个时候最后形成的。

和珅、永璘、奕䜣都是清代各阶段最重要的人物，他们参与了几乎全部重大政治活动；尤其是奕䜣，可以毫不夸张地说，如果没有他，整部中国近代史就会改写，因此有"一座恭王府，半部清代史"之说。

清代最大的王府建筑

恭王府前半部是府邸，后半部为园林，南北长约330米，东西宽180余米，总占地面积将近6万平方米。

恭王府的主体建筑，可分为东、中、西3路，每路由南自北，都以严格的中轴线贯穿着多进四合院落。

这些院落不仅宽大，而且布置得庄重肃穆，尚朴去华。院中各殿堂明廊通脊，气宇轩昂，建筑也是仅次于帝王的最高规制。

其中最明显的标志是门脸和房屋数量。按照规制，亲王府门脸为5间，可有正

恭王府

殿7间，后殿5间，后寝7间，左右有配殿；而低于亲王等级的王公府邸，则决不允许多于这些数字，甚至房屋的形式以及屋瓦的颜色也不准逾制。

中路最主要的建筑是银安殿和嘉乐堂，殿堂屋顶采用绿琉璃瓦，显示了中路的威严气派，同时也体现出了亲王的高贵身份。

东路的前院正房称多福轩，厅前有一架生长了200多年的藤萝，至今仍长势甚好，在京城极为罕见。

东路的后进院落正房名为"乐道堂"，是当年恭亲王奕䜣的起居处。

西路的四合院落较为小巧精致，主体建筑为葆光室和锡晋斋。精品之作当属锡晋斋，高大气派；大厅内有雕饰精美的楠木隔段，为和珅仿紫禁城宁寿宫式样逾制设立。

恭王府的最深处，有一座东西横向达156米的两层后罩楼，后墙共开88扇窗户，内有108间房，俗称"99间半"，取道教"届满即盈"之意。

府后建筑的最精华之处在萃锦园，此处环山衔水，古木苍然，曲廊亭榭，天然有富丽之态；其间景致之变化无常，开合有致，实为中国园林建筑的典范。

北京的江南山水——颐和园

颐和园是北京最著名的清代皇家园林之一。它是以昆明湖、万寿山为基址，以杭州西湖为蓝本，汲取江南园林的设计手法建成的一座大型山水园林，也是我国保存最完整的一座皇家行宫御苑，被誉为"皇家园林博物馆"。

修建园林的历史

颐和园是我国保存最完整的一座皇家行宫御苑，坐落在北京西郊。它虽位于北方，却是汲取江南园林的设计手法建造的一座大型山水园林。

乾隆十五年（1750），乾隆皇帝为孝敬其母孝圣皇后，动用448万两白银，将北京西郊的4座皇家园林改建为清漪园，这就是颐和园的前身。

公元1860年，清漪园被英法联军大火烧毁。1884年至1895年，慈禧太后挪用海军军费，修复清漪园的前山建筑群，在昆明湖四周加筑围墙，并将其改名为"颐和园"，作为消夏游乐之地。

颐和园尽管大体上恢复了清漪园的建筑，但许多高层建筑由于经费的关系被迫减矮，尺度也有所缩小。如文昌阁城楼从三层减为两层，乐寿堂从重檐改为单檐，苏州街被焚毁后再也没有恢复。

另外，由于慈禧偏爱苏式彩画，将颐和园其居住过的宁寿宫等许多房屋亭廊上装饰了很多苏式彩画，博古器物、山水花鸟、人物故事无所不有，甚至西洋楼阁也杂出其间。这也是颐和园在装饰风格上与之前的清漪园最大的不同。

1900年，颐和园再次遭八国联军洗劫，园内珍宝被抢掠一空；翌年，慈禧再次动用巨款修复此园。

清朝灭亡后，颐和园在军阀混战和国民党统治时期又多处遭到破坏。直到新中国成立之后，1961年，颐和园被公布为第一批全国重点文物保护单位；1998年被列入《世界遗产名录》。

中国四大名园建筑

颐和园与承德避暑山庄、拙政园、留园并称为"中国四大名园"，是中国世界纪录协会中国现存最大的皇家园林。

颐和园中建筑物虽多，但布局得体、错落有致，非常漂亮。总体来说，全园分政治活动区、帝后生活区和风景游览区 3 个区域，而且每个区域都有一两个代表性的建筑物。政治活动区以仁寿殿为中心，帝后生活区以玉澜堂、乐寿堂为主体，风景游览区由万寿山和昆明湖组成。

仁寿殿是一座气势磅礴、金碧辉煌的大殿，最早建于 1750 年，原名"勤政殿"，是皇帝在颐和园坐朝听政、召见臣属的正殿。1860 年，此殿在英法联军洗劫时被毁，修复后改名为"仁寿殿"。慈禧执政期间，其政治中心自紫禁城逐渐移到颐和园，仁寿殿成了慈禧处理政务的场所。

另外，仁寿殿也是慈禧举行筵宴的地方，因此庭院中景物、建筑繁多。如仁寿殿门口形体巨大的太湖石，也被称为寿星石；殿前两侧放置有铜龙和铜凤，陈列方式为凤在龙之上；仁寿殿前院中央汉白玉石须弥座上的铜麒麟等。

从仁寿殿向西北，即可来到玉澜堂。玉澜堂西临昆明湖，其东配殿是霞芬室，西配殿是藕香榭，堂后通过一个小院与宜芸馆相通。

仁寿殿

玉澜堂内布置的摆设有宝座、围屏、掌扇等。宝座靠背上雕着山水画，御案陈设在绘有山水画的玻璃围屏前。其东耳房原是光绪皇帝的书房，北边西间是光绪皇帝的卧室。

万寿山属燕山余脉，山上建筑群依山而筑，前山以八面三层四重檐的佛

佛香阁　　香阁为中心，组成巨大的主体建筑群。

　　从山脚的"云辉玉宇"牌楼，经排云门、二宫门、排云殿、德辉殿、佛香阁，直至山顶的智慧海，形成了一条层层上升的中轴线。东侧有"转轮藏"和"万寿山昆明湖"石碑。西侧有五方阁和铜铸的宝云阁。

　　后山有西藏佛教建筑和屹立于绿树丛中的五彩琉璃多宝塔。

　　佛香阁是颐和园的中心建筑，也是颐和园的标志性建筑物。它仿杭州的六和塔建造，建于万寿山前山高 20 米的方形台基上，南对昆明湖，背靠智慧海，以它为中心的各建筑群严整而对称地向两翼展开，形成众星捧月之势，气派相当宏伟。

　　在万寿山的阳坡上，集中有建筑数百处之多，并无杂乱之感，其中一个主要原因是有全长 728 米的世界第一长廊这条彩色纽带，有机地把各处建筑串联了起来，构成一个整体。

　　长廊虽长，但廊外有景，廊内有画，是一条长长的观景线，沿廊而行步移景换，在长廊上可见的景观有小石桥、养云轩、无尽意轩、国花台等。

个园的建筑"个性"

清代的扬州曾有"园林甲天下"之誉，那里至今还保留着许多优秀的古典园林，其中历史最悠久、保存最完整、最具艺术价值的，要算"个园"了。个园建筑设计者将四季假山设置在一园之中，人们可以随时感受到四时美景。

扬州最负盛名的园景

个园位于扬州古城东北隅，是扬州最负盛名的园景之一。此园明代时称"寿芝园"，清嘉庆二十三年（1818），时任两淮盐业总商黄至筠在明旧址上扩建而成。

个园是以竹石取胜，连园名中的"个"字，也是取了竹字的半边，也因为竹子顶部的每3片竹叶都可以形成"个"字，在白墙上的影子也是"个"字。

这不仅迎合了庭园里各色竹子，也代表着主人的情趣和心智，黄至筠名中的"筠"，即借指竹，"个园"点明了主题。

清咸丰年间，个园曾经历兵祸，逐步走向萧条。同治年间被卖给镇江丹徒盐商李文安，后军阀徐宝山逼李家用个园抵债，李家让出个园。之后个园又几易其主，曾先后属于李氏、朱氏等。

新中国成立后，个园几经修复，重见盛景。1988年被授予全国重点文物保护单位。

春夏秋冬的建筑奇观

个园是一处典型的私家住宅园林，全园分为中部花园、南部住宅、北部品种竹观赏区。园虽不大，但旨趣新颖，结构严密，处处体现出造园者的匠心独具。

值得一提的是个园的叠石艺术，采用分峰用石的手法，运用不同石料

个园入口

堆叠而成"春、夏、秋、冬"四景。四季假山各具特色，表达出一种美妙的诗情画意。

个园园门为月洞形，园门两侧各种竹子枝叶扶疏，竹丛中插植着石绿斑驳的石笋。在这幅别开生面的竹石图中点破了"春山"主题。

夏景位于园之西北，有两座假山连为一体。假山上古柏葱郁，颇具苍翠之感；山下塘内池水将假山映衬得格外灵秀，池中游鱼嬉戏穿梭于睡莲之间，静中有动，极富情趣。池塘右侧有一曲桥直达假山的洞穴，洞之幽深，颇具寒意，夏日步入洞中，顿觉清爽。

夏景叠石以青灰色太湖石为主，造园者利用太湖石的凹凸不平和瘦、透、漏、皱的特性，创造出一种独特的夏季景致，远观如奇峰，近视似洞穴。

秋景用黄山石堆叠而成，堆叠而成的假山山体较高大。黄山石呈棕黄色，棱角分明，如刀劈斧砍。夕阳西照时，整座山体洒上一层金黄，秋景尽现眼前。

整座山体峻峭凌云，显得壮丽雄伟。进入山腹，如入大山之中，险奇之处随时可见。山腹内有石屋，可容十几人，内设石桌、石凳、石床。沿腹道攀援而上，至山顶拂云亭，满园佳景尽收眼底。

冬景在南墙之下，地面用白石铺成，远远望去似积雪未消。冬山用宣石堆叠，石质晶莹雪白，每块石头几乎看不到棱角，给人浑然而有起伏之感。冬景的高墙上有24个风音洞，后面的巷风袭来，时而发出呼啸之声。山侧的几株腊梅烘托出冬天的严寒。

冬景的西墙上，被巧妙地掏空有一洞窗，露出了春景一角，似乎在暗示冬景将尽，春天又将来临。

"北方民居建筑的明珠"——乔家大院

位于山西省祁县乔家堡村的乔家大院，是一座具有北方汉族传统民居建筑风格的古宅。这些精致无比、保存完好的宅院，集宋、元、明、清之法式，汇江南河北之大成，组成了一片全封闭式的城堡式建筑群。

乔氏世代兴建的民宅精品

乔家大院位于中国山西省祁县乔家堡村正中。早在清代乾隆年间，乔家堡村的大商贾乔全美买下了村中大街小巷交叉的十字口东北角的几处宅地，起建楼房。主楼的东面是原先的宅院，也进行了翻修，作为偏院。这是乔家大院最早的院落，称为老院。

到了第三代乔致庸（1818—1907）当家后，在老院西侧隔小巷又置买了一大片宅基地，又盖了一座楼房院，形成两楼院隔小巷并列、南北楼翘起的"双元宝"式。

明楼竣工后，乔致庸又在与两楼隔街相望的地方建筑了两个四合院，使4座院落正好位于街巷交叉的四角，奠定了后来连成一体的格局。

清末地方治安不稳，乔家花钱买下了街巷的占用权，堵住了巷口，将小巷建成西北院和西南院的侧院；北面两楼院外又扩建成两个外跨院，跨院间以拱形大门顶为过桥，把南北院互相连接起来，形成城堡式的建筑群。

民国初年，乔家又向西扩张延伸，在紧靠西南院建起新院，同时也改建了西北院。

抗日战争时期，乔家全部外逃，只剩下了空院一座。直到新中国成立后，1985年，祁县人民政府利用这所古老的宅院，成立了祁县民俗博物馆，沿用至今。

北方民居建筑明珠

乔家大院从高空俯瞰，院落布局很似一个双"喜"字。整个大院占地

乔家大院

8724平方米，分6个大院，内套20个小院，313间房屋。

大院形如城堡，三面临街，四周全是封闭式砖墙，上边有掩身女儿墙和瞭望探口，既安全牢固，又显得威严气派。其设计和建造工艺，充分体现了我国清代民居建筑的独特风格，被专家学者恰如其分地赞美为"北方民居建筑的一颗明珠"。

乔家大院闻名于世，不仅因为它有作为建筑群的宏伟壮观的房屋，更主要的是因它在一砖一瓦、一木一石上都体现了精湛的建筑技艺。

从房顶上看，有歇山顶、硬山顶、悬山顶、卷棚顶、平房顶等，这样形成平的、低的、高的、凸的，无脊的、有脊的、上翘的、垂弧的……每地每处都是别有洞天。

大门为拱形门洞，上有顶楼，顶楼悬挂着慈禧太后赠送的"福种琅环"匾额；大门对面的掩壁上刻有砖雕"百寿图"，为乔致庸的孙婿、近代篆书家常赞春书写。

进入大门是长长的甬道，西尽头处是乔氏祠堂，祠堂出檐以4根柱子承顶，两明两暗。柱头有镂空木雕，装饰精彩。

甬道把6个大院分为南北两排，北面3个大院均为开间暗棂柱走廊出檐大门，从东往西第一、第二院为祁县一带典型的里五外三穿心楼院。

南北6个大院院内，砖雕、木刻、彩绘，随处可见；窗子的格式有仿明酸枝棂丹窗、通天夹扇菱花窗，以及栅条窗、雕花窗、双启型和悬启型等，样式丰富多变。

第九章
20 世纪前期的建筑

中国民居的基本结构：用木材造屋架，用木柱支撑茅屋顶或瓦顶，围绕着木制屋架修建四壁。墙壁非预制而成，一般用土或泥垒砖砌成。突出的屋檐用来保护墙壁免遭雨侵。屋檐由木托支撑，木托有时也做装饰之用。屋瓦的两端一般也用模具压出作装饰用的图案。

——《剑桥中国史》

中西合璧的开平碉楼

广东省江门市开平境内的开平碉楼，是中国乡土建筑的一个特殊类型。它随着华侨文化的发展而鼎盛于20世纪初，是集防卫、居住和中西建筑艺术于一体的多层塔楼式建筑，其特色是中西合璧的民居，有古希腊、古罗马及伊斯兰等多种风格。

由华侨文化的发展而诞生

自明代以来，广东省江门市的开平因位于新会、台山、恩平、新兴4县之间的"四不管"之地，土匪横行无忌，社会治安混乱；加之河道繁密，每遇台风暴雨，洪涝灾害频发，当地民众被迫在村中修建碉楼以求自保。

明朝正统年间（1436—1449）由于战事频仍，社会动乱，中原地区人民纷纷南下避难。一位姓关的文人带家眷来到了此处一个古称"驼驮"的地方。见此地水草茂密，芦苇丛生，水鸭成群，是立村开族的好地方，于是他就与家人一起斩草劈荒、建造房屋，开垦土地，种植庄稼，定居下来。由于他特别喜欢芦花，就在河岸上的芦丛旁边筑了一个书斋，取名"芦庵"，因此人们都叫他"芦庵公"。

明崇祯十七年(1644)，全国农民起义加上满清南侵，社会更加动荡，盗匪常常袭扰百姓。为保护村民的安全，芦庵公的第四个儿子关子瑞就在井头里村兴建了一座瑞云楼。这座楼非常坚固，有防洪和防盗两项功能，一有洪水暴发或贼寇扰乱，井头里村和毗邻的三门里村的村民就到瑞云楼躲避。

后来，人口逐渐增多，瑞云楼容纳不了两个村子的群众。芦庵公的曾孙关圣徒决定在三门里兴建"迓龙楼"；他的夫人也拿出私房钱，与他共襄善举。

到了民国元年（1912），又有司徒氏人为防盗贼而建南楼。楼高7层19米，占地面积29平方米，钢筋混凝土结构，每层设有长方形枪眼，第六层为瞭望台，设有机枪和探照灯，抗战时期司徒氏四乡自卫队队部就设

在这里。

　　同年，共产主义革命先驱谢创的父亲谢永珩先生兴建"中山楼"，为纪念孙中山而得名。

　　在民国初期的 14 年中，匪劫学校达 8 次，开平的碉楼发挥巨大的防卫作用，轰动全县。海外华侨闻讯，因此，在外节衣缩食，并请外国专业人士设计好碉楼蓝图，带回家乡建造，集资汇回家乡建碉楼。

　　后来，一些华侨在回乡建新屋时，为了家眷安全，财产不受损失，纷纷建成各式各样碉楼式的楼，最多时达 3000 多座，形成了风格杂陈的民居建筑群。

中西合璧的民居建筑

　　开平碉楼现存 1833 座，它随着华侨文化的发展而鼎盛于 20 世纪初，成为中国乡土建筑的一个特殊类型。

　　碉楼的特色，是它融合了中国传统乡村建筑文化与西方建筑文化的独特建筑艺术，修建成中西合璧的民居，成为中国华侨文化的纪念丰碑，体现了中国华侨与民众主动接受西方文化的历程。

　　在开平碉楼的建筑中，由于华侨的旅居地不同，因此有着不同的审美观，从而汇集了国外不同时期、不同风格的建筑艺术，古希腊的柱廊，古罗马的柱式、拱券和穹窿，欧洲中世纪的哥特式尖拱和伊斯兰风格拱券，

开平碉楼

欧洲城堡构件，葡式建筑中的骑楼，文艺复兴时期和17世纪欧洲巴洛克风格的建筑等，造就了开平碉楼的千姿百态。

开平的碉楼均为多层建筑，是集防卫、居住于一体的多层塔楼式建筑。首先，它们远远高于一般的民居，便于居高临下地防御；墙体也比普通的民居厚实坚固，不怕匪盗凿墙或火攻；窗户比民居开口小，都有铁栅和窗扇，外设铁板窗门。

同时，碉楼上部的四角，一般都建有凸出悬挑的全封闭或半封闭的"燕子窝"——角堡，角堡内开设了向前和向下的射击孔，可以居高临下地还击进村之敌。另外，各层墙上开设有射击孔，增加了楼内居民的攻击点，纵横数十千米连绵不断。

开平碉楼的造型变化，主要体现在塔楼的顶部建筑，其造型可达百种之多。其中，比较美观的有中国式屋顶，中西混合式屋顶，古罗马式山花顶、穹顶，美国城堡式屋顶，欧美别墅式房顶，庭院式阳台顶等形式。

开平碉楼的上部造型，分为柱廊式、平台式、退台式、悬挑式、城堡式和混合式等。

下部形式则都大致相同，只有大小、高低的区别。

大碉楼，每层相当于三开间，或更大；小碉楼，每层只相当于半开间。最高的碉楼是赤坎乡的南楼，高达7层，而矮的碉楼只有3层。

北京大学建筑群

北京大学建筑群以未名湖为中心，呈四周分布，全部为清宫式建筑风格，取民居园林形式。建筑大分散，小集中，主轴线为东西向。建筑物多为两三层，主要建筑尚留一些明清旧园遗物，也有从圆明园遗址搬来的石刻小品。

从紫禁城到北京大学校园

1914 年夏，37 岁的美国建筑师亨利·墨菲流连于刚刚向游客开放的紫禁城，威严宏伟的东方建筑使他惊喜得睁大了双眼，称颂宏伟壮丽的紫禁城是世界上最好的建筑群。

5 年后，亨利·墨菲受时任燕京大学校长的司徒雷登聘请，担任燕大校园的总设计师。故宫的记忆延续进这座新建的校园设计中，中国传统建筑特色是他自始自终的宗旨。

在最初的规划中，亨利·墨菲将整个燕园设计成故宫的微缩版。为了在起伏不平的基址上实现这个以严整对称的建筑为主导的规划，在这座青瓦灰墙的园子里，亨利·墨菲依然舍不下他的西方记忆，类似教堂以西边为入口的空间设置隐秘地寄托着一个外国设计师的宗教情结。

20 世纪 20 年代，燕园主人载涛将朗润园租给燕京大学，后来，又被北大买下。经过一改再改，园子以一个方形小岛为主体，四周环绕着水域。

1952 年秋季，北京大学正式迁入燕园。为了保持原有的环境与建筑，校园的扩建主要在燕园的东南方。东门和南门建立起来，校园的朝向也进行了一次大的调整。

新旧接替的建筑风格

北京大学建筑群是新旧建筑风格的桥梁。建筑群以未名湖为中心，呈四周分布。

北京大学正门

湖的东北，是几座清代遗留下来的园林，朗润园是其中保存得最好的一座。

在燕大时期，亨利·墨菲将原计划作为中轴线收束的水塔移到燕园的东南，被命名为博雅塔，那是中国传统中的"巽位"，吉祥之地。

主要建筑大分散，小集中，主轴线为东西向，依次是校门、办公楼、图书馆、外文楼、体育馆、南北阁1～6院、岛亭、水塔和男女生宿舍等，全部为清宫式建筑风格。

主体建筑致福轩是一座五开间卷棚建筑，灰色石瓦，红漆木窗，一座三开间卷棚歇山顶小抱厦拱卫于南面。

中轴线上，坐东朝西的贝公楼一反中国面南、面东的传统，它直指西面的玉泉山，与山顶的玉泉塔遥遥相望。

北大时期的新建筑群，也坐落在东门和南门附近。各群组大都为三合院式，总体布局合理，局部尺度适宜，与自然地形地貌结合紧凑。

建筑物多为两三层，主要建筑用灰瓦红柱，石造台阶，浅色墙面，檐下有斗拱梁枋，施以彩画；次要建筑取民居园林形式，湖边水塔为八角密檐式。

园内尚留一些明清旧园遗物，也有从圆明园遗址搬来的石刻小品。现未名湖区仍保持初建时的原貌。

南门林荫道两侧是男生宿舍，3层硬山式屋顶的中式建筑还重述着燕园初建时回归传统的心愿。

而女生宿舍和另外一些建筑，则被设计成四层平顶的苏氏建筑，简洁硬朗，反映了建国初期学习苏联校园的建设模式的影响。

148

"近代建筑史上第一陵"——中山陵

南京市玄武区紫金山的中山陵前临平川，背拥青嶂，整个建筑群依山势而建，主要建筑排列在一条中轴线上，体现了中国传统建筑的风格，融会中国古代与西方建筑之精华，庄严简朴，别创新格。

为民主革命先行者孙中山而建

中山陵位于南京市玄武区紫金山南麓，是中国近代伟大的民主革命先行者孙中山先生的陵寝。

1925年3月12日，孙中山先生在北平与世长辞。孙中山在临终前，提出保留遗体，并要求葬于南京紫金山麓，"因南京为临时政府成立之地，所以不可忘辛亥革命也"。

遵照孙中山的遗愿，遗体暂厝在北平香山碧云寺石塔之中；而在葬事筹备委员会成立前，北京治丧处就已派林森往南京初勘葬地。

4月葬事筹备处成立后，首先由家属及葬事筹备处代表实地勘察墓址，并确定工作顺序进行。（一）确定墓址；（二）测量墓地；（三）交涉圈地；（四）征求陵墓图案；（五）决定陵墓图案；（六）招标包工；（七）兴工。

4月21日，宋庆龄、孙科等由上海抵达南京，来到紫金山。先至虎山明孝陵西侧，发现地势较低，不宜作墓址，随即登山向东行，至小茅山，途中发现有两处小坡，都高出明孝陵，当天未能作出决定。

第二天再次登山，由山顶至小茅山万福寺，从山顶上看，发现紫霞湖上也有一处平台，但面积较小，不合用。宋庆龄表示墓址不宜选在山顶，应建于南坡平阳处。实地勘察之后，4月23日晚，葬事筹备委员会确定紫金山中茅山坡为墓址所在地。

中山陵在选址、圈地的同时，悬奖征求陵墓设计图案的工作也在积极进行。

5月13日，葬事筹备委员会通过了由孙科与负责工程的宋子文的建筑顾问赫门起草的《陵墓悬奖征求图案条例》（以下简称《条例》）。

中山陵

《条例》中对陵墓的性质、功能、建筑风格、建筑材料等都做出了规定：

第一，陵墓要体现"特殊与纪念之性质"；

第二，祭堂和墓室要便于公众入内瞻仰，祭堂外要有可立五万人的空地以举行大型纪念活动；

第三，祭堂建筑风格必须为"中国古式"，或者"根据中国建筑精神别创新格"；

第四，为了建筑的永久保存，要求使用石料和钢筋三合土，不用砖木材料；

《条例》还要求陵墓建筑应简朴庄严，不求奢侈华贵。

5月15日，葬事筹备委员会在报纸上发布公告，悬奖征求中山陵墓设计图案。到9月15日，共收到应征图案40余份。

9月20日，评判委员会成员在上海四川路大洲公司三楼召开了葬事筹备委员及家属联席会议，对应征图案进行评判。最后表决，通过了得奖名单，并在《民国日报》《申报》等报纸上刊登广告，公布评判结果。

从9月22日到9月26日，公开展览5天，每天都有一千多人前来参观。9月27日下午，筹事葬备委员会再次开会，一致决定采用吕彦直设计的陵墓图案，并聘请他为陵墓建筑师。

随后，中山陵正式开工建设，至1931年底，第三期工程已全部告竣，标志着中山陵除纪念性建筑外，主体工程全部完成。

朴实坚固的建筑风格

中山陵的建筑平面呈警钟形，寓有"唤起民众"之意，主体建筑剔除了古代帝陵的神道石刻，保留了"牌坊""陵门""碑亭""祭堂""墓室"。

从牌坊到达祭堂，共有石阶392级，代表着当时中国的三亿九千两百万同胞；8个平台，象征着三民主义五权宪法。台阶用苏州花岗石砌成。

最高处的祭堂是陵墓的核心建筑，到牌坊平面距离700米，垂直落差73米。

祭堂外观形式给人以庄严肃穆之感；祭堂后的墓室表现为大钟的钟钮。

墓室与祭堂相通，入口处有高大的花岗石牌坊，上有孙中山手书的"博爱"两个金字。

中山陵整个建筑朴实坚固，融会了中国古代建筑风格，诸如斗拱、檐椽、券门、歇山式屋顶等民族风格，合于中国观念；同时又汲取西方建筑经验，如灵堂重檐歇山式四角堡垒式方屋，既庄严简朴，又别创新格。

整个陵墓都用的是青色的琉璃瓦、花岗石墙面，显得庄重肃穆。青色象征青天，青天又象征中华民族光明磊落、崇高伟大的人格和志气。

同时，青色琉璃瓦也含天下为公之意，以此来显示孙中山为国为民的博大胸怀。

中山陵无梁殿

中国台湾台北自来水博物馆

台北自来水博物馆创建于 1908 年,外型仿自古希腊神殿,建筑品味特殊。由欧洲工程技师引进的新古典主义形式建筑,融合古希腊、罗马及巴洛克等建筑风格,建筑物古色古香,充满浓郁的中古欧洲建筑风味。

全国首座以自来水为主题的博物馆

台北自来水博物馆位于中国台湾台北市南区的公馆,它依山傍水、景色雅致,交通非常便利。

在日据时代,这里被选定为台北水源地,建立第一座抽水机房,当时称作唧筒室,自 1908 年创建,1912 年至 1914 年唧筒室完工启用。

1977 年,台北区第三期自来水建设完成,慢滤场拆除改建为现代化之快滤场,也就是目前的公馆净水场,唧筒室功成身退,距今已有 100 年历史。

1993 年 6 月,唧筒室被台湾"内政部"列为三级古迹,台北自来水事业处随即进行维修整理。同年 9 月 27 日,第一次对外开放两周,供民众参观,并有了将唧筒室规划为自来水博物馆的构想。

后来,由于年久失修,唧筒室的建筑物多处结构出现漏水现象,于 1998 年 5 月开始全面整修,并多方收集有关自来水历史的照片及器材,充实整体内容与周边设施,增设解说牌详加说明,由此诞生了全国第一座以自来水相关设备与知识为展示主题的博物馆。

融多种古代欧洲建筑风格于一身

台北自来水博物馆位于公馆观音山,毗邻新店溪,其新古典建筑典雅浪漫,是当时一绝。

博物馆建筑均为当时欧洲工程技师引进的新古典主义形式,融合了古希腊、罗马及仿欧洲文艺复兴后期巴洛克等建筑风格,古色古香,造型典

台北自来水博物馆

雅，充满浓郁的中古欧洲建筑风味，极富艺术价值。

　　其主体建筑外型仿自古希腊神殿，正立面为一长串列柱，排列成半圆弧形。坐在充满历史痕迹的洗石阶梯上，斑驳又带点裂痕的列柱将景深拉得既深又广。

　　另外，正立面那拥有勋章饰的山墙，搭配浪漫雅致的花草墙饰等，更凸显出浓厚的欧洲风味。

　　而内部屋架则采用钢骨构造，前方窗格为铸铁件，后方为整排外开式绿色木窗棂。

　　自来水园区内，还规划有许多主题区，如水源地苗圃、生态景观步道、管材雕塑区、输配水器材区、公馆净水场、水乡庭园、公馆水岸广场、亲水体验教育区、量水室古迹广场，等等。不仅让民众认识自来水的相关讯息，也是民众夏日消暑的好去处。

　　在博物馆内部，存放着各个时期的抽水机组设备、液体启动器、清水抽水机配电盘、抽气泵浦、水位指示器、水池水位计、抽水机组设备、原水抽水机配电盘、配电变压器等，并设有放映室，详细解说自来水厂的渊源，诉说着一段自来水发展的历史。

中国香港邮政总局大楼

位于香港毕打街与德辅道中交界的邮政总局大楼，属于英国文艺复兴时期风格建筑。大楼的建设，标志着现代社会的发展，资讯流通日趋频繁。多年来，它以可靠快捷的通信服务，不单令香港每个角落信息互通，同时加强了与世界各地的联系。

中国香港首幢政府综合大楼

旧邮政总局大楼位于毕打街和德辅道交界，1911年落成，这也是香港的第三代邮政总局的办公地，见证了香港现代社会的发展。

香港自1841年设立首间邮政局，位于圣约翰座堂对上（现时香港特别行政区政府总部）一间小屋内，标志着香港进入了现代社会的发展轨道，资讯流通日趋频繁。

至1846年，香港第二代邮政总局搬迁至毕打街与皇后大道中交界。

半个世纪后，香港第三代邮政总局时期，港府于1911年在毕打街与德辅道中交界建立起了一座英国文艺复兴时期风格的建筑，成为香港首幢政府综合大楼。

当时，其他政府办事处设于一楼和二楼，邮政总局大楼邮政署办事处则主要设于大楼的地库和地下，邮政总局于建成当年搬入就开始提供基本邮政服务，20年后才开设邮票销售柜位，其后陆续推出多项邮政服务。

20世纪30年代或以前，由于航空运输尚未普及，其时海上运输一直是运送邮件的主要途径，海外邮件的收送会往来大楼和皇后码头之间，然后经船只运往目的地。因此，旧邮政总局大楼除服务市民外，亦是处理国际邮件的基地。

鉴于邮政总局大楼的邮件主要经由海路运送，为方便邮件从大楼与码头之间进出，在大楼的一楼装设了输送带。

50年代开始，新移民大量涌入香港，市民对本地邮政服务的需求与日俱增，寄往内地的信件和包裹数目不断上升。加上战后香港经济发展蓬

勃，公司和工厂之间的通信日益频繁，邮政总局遂成为本地市民与世界各地跨境通信和交流的枢纽，被视为香港最繁忙的邮政局。

中国香港邮政总局大楼

英国文艺复兴时期建筑风格

香港邮政总局大楼高4层，属英国文艺复兴建筑。文艺复兴建筑最明显的特征，是在宗教和世俗建筑上摒弃了中世纪时期哥特式尖顶、神秘的建筑风格，而重新采用古希腊罗马时期的柱式构图要素。

因此，邮政总局大楼在方形平面上，除有多个三角形屋顶外，还有一个平屋顶和鼓形座。屋顶钢架覆盖主楼部分，穹窿顶采用内外壳和肋骨，并伸延至中庭。

其中最能体现维多利亚建筑风格的，是大楼内外的多道平圆拱门。

这幢设计独特的建筑，除主墙、廊柱和拱门以花岗岩砌成外，其他墙壁均以广东红砖和厦门砖建造，并采用了维多利亚式时期常见的"结构彩绘"风格兴建。

大楼的柚木主楼梯扶手和栏杆柱装饰丰富，副楼梯则以花岗岩建造。这些，都反映出结构和施工技术达到了新的水平。

"外滩第一楼"——亚细亚大楼

位于上海市外滩的亚细亚大楼被誉为"外滩第一楼"，其外观具有折中主义风格，立面为横三段、竖三段式；底段与上段均为巴洛克式造型，中段为现代主义建筑风格。大楼气派雄伟，简洁中不乏堂皇之气，华贵而又典雅。

由"麦边大楼"衍变而来

上海亚细亚大楼所处位置，原是英商兆丰洋行的产业，后来转让给美商旗昌洋行；1891年，旗昌洋行停业，一度归轮船招商局所有，后又几经易主。

1899年，被另一个叫麦边的英国商人买下。到了1913年，麦边决定拆去旧屋，兴建一幢商务办公大楼，所以也有人称此楼为"麦边大楼"。

大楼由马海洋行设计，裕昌泰营造厂施工，建成于1916年，高7层，是当时外滩最高的一幢建筑，故当时也有人称它为"外滩第一楼"。

1917年，此楼除部分为麦边洋行自己使用外，大部分租给了垄断中国石油制品的亚细亚火油公司，并允许其在大楼的正门挂上"亚细亚"的标志。由于火油是用途广泛的生活用品，人们印象很深，由此大楼渐渐被替代为"亚细亚大楼"。

1939年，大楼又加高一层，增至8层。太平洋战争爆发后，亚细亚大楼被日军占领，公司英籍人员多数迁往重庆。

抗战胜利后公司复业，并将华南、华北公司合并，经营业绩超过战前。

新中国成立之初，亚细亚大楼由华东石油公司接管。10年之后，上海市冶金设计院、上海市房地产管理局、上海市丝绸公司迁入大楼。

1996年，外滩房屋置换，亚细亚大楼成了中国太平洋保险公司总部，并被列入上海市文物保护单位。

折中主义的建筑风格

亚细亚大楼占地面积1739平方米，建筑面积1.2万平方米，钢筋混凝土框架结构。沿外滩的东面和延安东路的南面均有大门，正门位于东面。

从整体外观来看，亚细亚大楼兼有古典样式和新古典主义格调，可称为一种"折中主义风格"。

它的正立面为典型的巴洛克式，正门有4根爱奥尼克立柱，平均分立左右；内门又有2根小爱奥尼克柱，左右各1根。

门楣上有半圆形的券顶，雕以变形的巴洛克涡旋形图案作装饰，造成一种华丽、富贵的气派。

东、南两个立面，都呈现出横三段、竖三段式，外墙的一层、二层用花岗石面砖砌就，形成基座；三层至五层部分凹进，辟为半圆形阳台，围以铁栏；六层、七层上，又有爱奥尼克柱。

在东南角处又有凹进的弧形墙面，使立面显得富有变化。

平面呈"回"字形，中有天井；各层外侧为办公室，开间大，木地板。内侧为走廊，窗高2米，显得明亮。过道均用白瓷砖贴面，地坪用马赛克铺成。

亚细亚大楼大门两边的立柱上，原有两块壳牌公司的弧形抱柱铜牌，当年公司离开大楼时曾一同拆往其圆明园楼的办事处，现作为历史文物，藏于上海历史博物馆。

亚细亚大楼

上海汇丰银行大楼

上海汇丰银行大楼是外滩占地最广、门面最宽、体形最大的建筑。大楼属英国新古典派希腊建筑，外形为仿古典的砖石结构，内部处理采用古典主义的形式，室内装修极为考究，被认为是中国近代西方古典主义建筑的最高杰作。

从苏伊士到远东最华贵的建筑

位于上海外滩12号的上海汇丰银行大楼，指的是香港上海汇丰银行于1923年至1955年在中国上海的分行大楼。它除了华丽，还是一幢充满历史感的建筑。

早在1864年，汇丰银行在香港成立，是由在华的英商太古、沙逊、怡和，美商旗昌，德商禅臣等英、美、法、德十大洋行共同发起组织的，其中也有中国人入股。后来由于利益冲突，其他股东全部退出，所有股份归英商所有。

次年4月，汇丰建立上海分行，设在今南京路外滩，即今汇中饭店旧址，是一座规模较小的英式3层小楼。

1874年，因业务量渐大，汇丰又购买了海关南面西人俱乐部的房子和大草坪造了一座3层楼房，成为汇丰在大陆的管辖行，统辖所有在大陆的分支机构，是调度资金的枢纽。

1921年，汇丰的楼房再次紧张，它又在外滩兴建了这座高7层的大楼，是外滩占地最广、门面最宽、体形最大的建筑。当时的造价为1000万元银元，占当时外滩所有建筑造价总和的一半以上，英国人自夸是"从苏伊士运河到远东白令海峡最华贵的建筑"。

1923年6月23日建成，是外滩大楼群建筑中最显眼的，被认为是中国近代西方古典主义建筑的最高杰作。

太平洋战争爆发后，日本横滨正金银行一度占用此楼。抗战结束，汇丰银行迁回此楼。

中华人民共和国成立后，汇丰银行在华的分支机构停业，此后上海市政府使用此楼。20世纪90年代，汇丰曾经想购回大楼，但最终因价格原因没有实现。

1996年以后，上海市政府撤出大楼，上海浦东发展银行通过置换购得该大楼的使用权，成为其总部驻地。

中国近代西方古典建筑最高杰作

汇丰银行大楼是一幢中国近代仿西方古典主义风格的建筑。其平面接近正方形，占地面积9338平方米，建筑面积23415平方米，居当时外滩建筑的首位。

大楼采用严谨的新古典主义立面构图，外观上可以明显看出新古典主义的横纵三段式划分；建筑主体5层，中部7层，地下1层，1楼四面有夹层。

大楼以正大门与正大门上面的半圆形仿古罗马万神庙穹顶为中轴线，两侧形成严格对称。穹顶基座为仿希腊神殿的三角形山花，6扇花饰细腻的铜质大门，为罗马石拱券样式。券门左右置高低圆柱灯各一，铜狮一对。大石块作外墙贴面，宽缝砌置。

159

上海汇丰银行大楼
内景

再下为 6 根贯通二层至四层的爱奥尼亚式立柱。其中 2 排为双柱，贴墙石块则为细缝砌置。5 层上面的圆形穹顶是铜框架结构，成为该幢大楼的标志。

进入大门是八角形门厅，上面是穹顶。分上下两层，下层有 8 根大理石柱，每面有较大的券门，上层壁面及穹顶均嵌有大型彩色马赛克组成的画面。

第十章
1949 年以来的建筑

中国是一个不同寻常的复杂的社会，它经历了数千年的形成过程，不理解它的过去就不会明白它的现在。与西方那种把中国视为静止不变的、几乎是没有历史的成就观念相比，中国如何成为我们今天我们所知道的大国的故事更充满了戏剧性。

——《剑桥中国史》

北京全国农业展览馆

北京的全国农业展览馆作为建国十周年首都十大建筑之一，其地理位置、规模、布局和风格均由周恩来总理亲自审定。1959年正式落成后，开创了京城近40年的展览历史。从此，全国农业展览馆名震京华，令世人瞩目。

建国十年首都十大建筑之一

1958年8月17日，在河北省秦皇岛的北戴河，中共中央政治局召开扩大会议。中央政治局委员，各省市、自治区党委第一书记以及政府各有关部门党组负责人参加会议。

会议决定，为适应国内外政治经济形势的发展需要，也为庆祝中华人民共和国成立10周年，在北京建设万人大会堂、革命博物馆、历史博物馆、国家剧院、军事博物馆、科技馆、艺术展览馆、民族文化宫、农业展览馆等十大公共建筑，名为"国庆工程"。并且要求这些重点工程，必须在1959年国庆节前竣工，并交付使用。

9月8日，万里在中央电影院（现北京音乐厅）召开动员大会，在京的所有设计单位与施工单位的各级领导干部和工程技术人员一千多人参加了大会。除了组织北京的34个设计单位外，还邀请了上海、南京、广州、辽宁等省市的数十名建筑专家共同商议方案创作，对工程先后提出了400多个规划设计方案。

其中，全国农业展览馆的设计者，是当时我国最年轻的设计师严星华。

最后，由周恩来总理亲自审定了全国农业展览馆等建筑的地理位置、规模、布局和风格。新中国的建设者满怀激情，仅用了不到一年的时间，到1959年9月就全部完成了全国农业展览馆等10座建筑。

1959年9月25日，《人民日报》为此专门发表了社论，盛赞这些建筑是"我国建筑史上的创举"。

古典园林式大型展览馆

全国农业展览馆位于北京东直门外东三环北路，地理位置优越，有京都"龙眼"宝地之说，可谓"风水好、有灵气"；交通十分便利，四通八达。

展览馆总建筑面积近 3 万平方米，是为了展示中国在农业方面取得的伟大成就和推广农林牧业副渔的先进经验而建造的一个大型专业展览馆建筑群。

它是北京唯一具有中国传统风格的园林式大型展览馆。馆区环境十分优美，池内湖波荡漾，湖边树木成荫，繁花似锦，与回廊亭台、碧瓦黄檐的古典建筑群交相辉映。

展览馆主楼 4 层，其他各馆一二层，钢筋混凝土框架结构及混合结构。严星华的设计，突破了展览馆固有的模式，采用了专业分类法，将农作物馆、水产馆、气象馆等 8 个专业展览馆设计得造型各异，各具特点。

比如主馆上部，是一座八角形阁楼及 4 个角亭；在中心广场，则是一个 60 米直径并带有 8 个小水池的巨大喷水池；在后湖风景区，还有传统农事园中的犁田雕塑等反映农业主题的装饰。

建馆以来，特别是改革开放以来，全国农业展览馆坚持以展览为中心，通过自办、合办和场地出租等多种形式，举办了国际性或全国性的多种展览上千个，在国内外展览界享有很高的声誉。

民族文化宫落成

位于北京市西长安街的民族文化宫是一座具有博物馆性质的民族风情展览馆，是新中国成立十周年首都著名的十大建筑之一。其建筑独特，极具民族情调，体现了党和国家的民族政策，是中国56个民族平等、团结、进步、繁荣的象征。

毛泽东亲自敲定的建筑

1950年，毛泽东在中央政治局会议上提出："我国是个多民族国家，新中国成立后，每年都有许多少数民族同胞来到首都北京参观访问，要给少数民族建一个宫，不但可以作为各民族大团结的象征，还可以作为少数民族同胞活动的中心。"

在毛泽东的指示下，中央民委上报周恩来总理，请示修建民族文化宫，周总理批复同意，拟建在东单广场。后因抗美援朝和国家整体经济形势，此项建筑计划未能列到日程上。

民族文化宫夜景

到了1954年9月，十四世达赖、班禅进京参加第一届全国人民代表大会第一次会议。毛泽东在中南海勤政殿亲切接见达赖和班禅后，又指示政治局给国家民委打电话，询问民族文化宫的建设筹备工作进展情况。

1955年，毛泽东接见西藏国庆观礼团之后，再次旧话重提，并说："要引起大家的重视，进一步搞好团结，争取进步和发展。"

1956年，中央决定修建一座

民族文化宫，并将建设地点选定在西单与复兴门之间，于是国家民委张西铭来到北京市建筑设计研究院，与设计师张镈等人一起商讨设计民族文化宫建筑组群方案。大家最后商定，要使得民族宫的建筑内容较多，标准也较高。

1958 年 5 月，民族宫正式破土动工，开始了建设。1959 年 8 月，民族文化宫建设基本竣工。

1979 年，民族文化宫曾改称民族文化宫展览馆。在 1980 年、1982 年、1985 年，民族文化宫作为团体会员分别首批加入中国自然博物馆协会、中国博物馆学会和北京市博物馆学会。

1994 年，民族文化宫被北京市民选为 50 座"我最喜爱的民族风格建筑"之首，并作为新中国"第一宫"载入英国出版的《世界建筑史》；1995 年12 月，又成为北京市首批登记注册的 55 座博物馆之一。

1997 年 9 月，民族文化宫展览馆恢复民族文化宫博物馆名称；1999 年，民族文化宫在国际建筑师协会第二十届大会上被推选为 20 世纪中国建筑艺术精品之一。

建筑与功能的和谐统一

民族文化宫在国内外享有很高的声誉，深受全国各族人民的喜爱，其建筑面积为 32000 平方米，主楼 13 层，高 68 米，东西翼楼环抱两侧，中央展览大厅向北伸展，飞檐宝顶冠以孔雀蓝琉璃瓦，楼体洁白，塔身高耸。整个建筑造型别致，色彩和装饰富丽宏伟、挺拔秀丽，具有独特的中国民族风格。

民族文化宫的功用大致设计成 3 部分：展览馆、餐饮娱乐场所及礼堂。

展览馆是民族文化宫的主楼部分，内设博物馆、中国民族图书馆、民族画院、中国民族年鉴社、展览馆、民族文化宫剧院、宾馆等近 20 个文化事业及管理部门。具有宣传民族政策，举办民族展览，收藏和研究少数民族文物、文献，提供民族书刊，开展民族文化交流，承办民族活动等多项功能。

西边两层楼主要是餐饮娱乐场地；地下是台球厅，一层是汉族餐厅，

民族文化宫入口

可以举办宴会、舞会，二层作为专门的清真餐厅。

主楼东边是礼堂，可以放电影、演话剧、开大会，礼堂里有翻译6种少数民族语言的设备供各少数民族使用。

民族文化宫的一砖一瓦，甚至每个角落、每个细节，都体现着集体协作的力量。比如在琉璃构件的色彩上，采用的是矿物颜料中的翠绿。为此，张西铭专门拜访了江苏宜兴一家琉璃瓦厂的老师傅，这才找到一块孔雀蓝琉璃瓦。他拿着这块瓦，仔细让工厂做了成分分析，又找老师傅按配方烧出样品来，才按照这个颜色烧制出民族文化宫屋顶的琉璃瓦。

民族文化宫礼堂的幕布在全国所有的剧场中算是独具一格的，那时全国的窗帘、地毯、幕布几乎都是大红的，而它却是绣着金花的紫红色大幕；同时，幕布还设计了自动拉幕的装置，只要一按电钮，幕布就能自动拉开、关上。

另外，民族文化宫剧场采用的是无线电接收设备进行同声传译工作的。少数民族代表在剧场里开会时，只需将很小的语音接收设备放到口袋里，调到所需语言的频道，就可以接收到同声传译的语音。

民族文化宫不仅是建筑传统艺术的珍品，也是中外人士了解中国少数民族文化的窗口。

人民英雄纪念碑

北京天安门广场上的人民英雄纪念碑，是新中国成立后首个国家级公共艺术工程，也是中国历史上最大的纪念碑。它会聚了一大批当时中国最优秀的文史专家、建筑家、艺术家，历时近10年，是新中国成立以来耗时最长的大型艺术项目。

史诗般的艺术建筑项目

1949年9月30日，中国人民政治协商会议第一届全体会议决定，为了纪念在人民解放战争和人民革命战争中牺牲的人民英雄，在首都北京建立人民英雄纪念碑。

当天下午，出席会议的全体代表来到天安门广场前，举行了建立纪念碑的奠基典礼。以毛泽东主席为首的政协各单位首席代表一一执锹土，奠下纪念碑的基石。

后经全国广泛讨论，确定碑型。到1952年，全国优秀的建筑师和专家们共设计了100多种图案，经有关方面通过各种方式征求各界人民的意见，归纳、修正成最后的图样。

1952年5月10日，首都人民英雄纪念碑兴建委员会正式成立；时任北京市委书记的彭真担任委员会主任，副主任由著名建筑家梁思成担任。8月1日，纪念碑正式动工修建。

青岛市接到采石运输任务后，成立了大料搬运委员会。1953年8月19日，大石料由山场起运，在路上用钢管交替铺垫，滚动运输，经过4个村庄、一个山岭、10余处桥梁及交通最繁华的市内街道，行程15千米，历时30天到达车站；到达北京后，又用老办法，花了3天时间把石料从前门西站运到天安门广场的纪念碑工地，成就运输史上的经典。

1958年4月22日落成，同年5月1日隆重揭幕。

宏伟壮丽的纪念碑式建筑

庄严宏伟的人民英雄纪念碑，具有中国独特的民族建筑风格。它与天安门、正阳门一起，形成了一个和谐的、一致的、完整的建筑群。

人民英雄纪念碑呈方形，建筑面积为3000平方米。分台座、须弥座和碑身3部分，总高37.94米，整个纪念碑用1.7万多块花岗岩和汉白玉垒砌而成，采用钢筋混凝土筒体，将碑座和碑身各部分石块牢固地拉结浇注在一起。

台座分两层，四周环绕汉白玉栏杆，四面均有台阶。下层座为海棠形，东西宽50.44米，南北长61.54米；上层座呈方形。

台座上是由林徽因设计的大小两层须弥座。上层小须弥座四周镌刻有以牡丹、荷花、菊花、垂幔等组成的8个花环；下层须弥座束腰部4面镶嵌着8幅巨大的汉白玉浮雕，分别以"虎门销烟""金田起义""武昌起义""五四运动""五卅运动""南昌起义""抗日游击战争""胜利渡长江"为主题。

人民英雄纪念碑

浮雕高2米，总长40.68米，浮雕镌刻着170多个人物形象，生动而概括地表现出中国人民100多年来，特别是在中国共产党领导下28年来反帝反封建的伟大革命斗争史实。

纪念碑的碑心石重达102吨，正面（北面）镌刻毛泽东题词"人民英雄永垂不朽"8个鎏金大字；背面是毛泽东起草，周恩来题写的碑文。题字都用阴文镌刻在石面上，然后采用中国传统的鎏金方法，做成钢胎金字镶嵌进去。

"争气桥"——南京长江大桥

南京长江大桥是中国长江上的第一座由中国自行设计和建造的双层式铁路、公路两用桥梁，在中国桥梁史乃至世界桥梁史上具有重要意义，是20世纪60年代中国经济建设的重要成就，具有极大的经济意义、政治意义和战略意义。

新中国自行设计建造的长江大桥

1956年，武汉长江大桥还在建设之中，国家又作出了在南京建设长江大桥以贯通京沪铁路线的决定。

20世纪初，沪宁铁路和津浦铁路虽已经开通，但在南京被隔断在长江两岸无法贯通，过江客货都要乘船摆渡，严重影响了运输效率。

从那时直到新中国成立后，长江的轮渡运力虽然不断提高，已趋饱和，但仍不能满足运输需求，"天堑"长江成为京沪铁路的严重瓶颈。据此，国务院于"一五"末期，即提出修建南京长江大桥的建设计划。

当时，还在建设之中的武汉长江大桥，是在苏联专家的帮助下进行设计施工的；而南京大桥的设计工作，则决定全部由中国自行完成。

1956年5月，铁道部设计总局大桥设计事务所接受了设计南京长江大桥的任务，开始进行大桥草测工作，12月草测完毕。

1957年8月，《南京长江大桥设计意见书》提出桥址选择方案。次年初，将南京长江大桥设计任务改交大桥工程局承担，成立了以王序森为组长的南京长江大桥设计组。

1958年9月，国务院批准成立南京长江大桥建设委员会。中苏关系破裂后，中国决定走"自力更生"的道路，依靠自身力量完成大桥的建设，铁道部发动全国有关方面共同攻关。

1959年1月，南京大桥定测工作开始；2月，大桥工程局第二桥梁工程处进驻南京江岸工地，开始开辟施工场地；6月，定测工作完成，引桥工程开始打桩。

南京长江大桥　　　1960年1月18日，南京长江大桥正式开工，大桥建设全面启动。经过8年多的艰苦奋战，克服了自产钢材、沉井倾覆等巨大危险，1968年9月、12月，铁路桥、公路桥先后通车，南京长江大桥全线贯通。南京长江大桥成为继武汉长江大桥、重庆白沙陀长江大桥之后第三座跨越长江的大桥，也是3座大桥中最大的一座。

建设大型桥梁的新纪元

南京长江大桥是新中国第一座依靠自己的力量设计施工建造而成的铁路、公路两用桥，是中国自行设计、自行建造的当时国内最大的铁路、公路两用桥，它的建成通车成为沟通南北的交通大动脉。

南京长江大桥是铁路、公路两用的特大桥，铁路桥全长6772米，将津浦、沪宁两铁道线正式贯通，从北京可直达上海，自此京沪铁路的贯通无长江阻拦；公路桥全长4589米，桥下可通行万吨轮船。

其中江面上的正桥长1577米，其余为引桥，是中国桥梁之最。中国的建设者在建桥过程中发展出的低合金桥梁钢和深水基础工程等技术，成为中国乃至世界桥梁建设的里程碑，标志着我国的桥梁建设达到世界先进水平，开创了中国"自力更生"建设大型桥梁的新纪元，被看作是"社会主义建设的伟大成就"，被称为"争气桥"。

"人工天河"——红旗渠

红旗渠是林州人民发扬"自力更生、艰苦创业、自强不息、开拓创新、团结协作、无私奉献"精神创造的一大奇迹。红旗渠不是单纯的一项水利建筑工程，而是建设者刻在太行山岩上的一座丰碑，已成为民族精神的一个象征。

太行山上凿出的"人工天河"

红旗渠位于河南省林州，是20世纪60年代中国共产党领导人民在极其艰难的条件下从太行山腰修建的引水工程，因此被称为"人工天河"。

林州处于河南、山西、河北3省交界处，自古就是一个严重干旱缺水的地区。史料记载，从明代到新中国成立的500多年中，有时大旱连年，河干井涸，庄稼颗粒不收，人民群众生活十分困苦。

林县政府从1949年新中国成立后，就组织修建了英雄渠、淇河渠等许多水利工程，在一定程度上缓解了用水困难的问题。但由于水源有限，仍不能解决大面积灌溉问题。

1959年，林县又遇到了前所未有的干旱。境内的4条河流都断流干涸，水渠无水可引，水库无水可蓄，山村群众只得从很远的地方取水饮用。

经过多次讨论，要解决水的问题，必须寻找新的可靠的水源，修渠引水。但是在林县境内，找不到这种水源，人们把目光跳出了县外，想到了水源丰富的浊漳河。

同年10月，林县县委召开"引漳入林"工程会议，时任县委书记的杨贵发出了"重新安排林县河山"的号召，决定于1960年2月开工。

1960年2月，林县人民开始修建红旗渠，虽然当时正逢三年自然灾害时期，但人们就用自家的铁镢、铁锹、小推车这些原始工具，经过10年奋战，至1969年7月，硬是在太行山上完成了以红旗渠为主体的引水灌溉的伟大工程！

撼天动地的水利建筑奇迹

红旗渠

红旗渠工程是新时期人工修建水利工程的奇迹，从山西石城镇至河南任村镇，共有干渠、分干渠10条，支渠、斗渠、农渠数百个，总程2488千米。共削平了1250座山头，架设151座渡槽，开凿211个隧洞，修建各种建筑物12408座，挖砌土石达2225万立方米。

据计算，如把这些土石垒筑成高2米，宽3米的墙，可纵贯祖国南北，绕行北京，把广州与哈尔滨连接起来。

在红旗渠的源头，由拦河溢流坝、引水隧洞、引水渠、进水闸、泄洪冲沙闸联合组成渠道引水枢纽，为无调节河道自流引水。当河水小时，将河水全部引入总干渠；发洪水时除渠引水外，其余分别由溢流坝和冲沙闸泄入坝下游。

红旗渠工程中，最著名的是青年洞隧洞工程。它从地势险恶，石质坚硬的太行山腰穿过，长达623米，是总干渠最长的隧洞。

当时青年民工们口粮很低，为了填饱肚子，上山挖野菜，下河捞河草充饥，很多人得了浮肿病，仍坚持战斗在工地，以愚公移山的精神，终于挖通了隧洞，为表彰青年们艰苦奋斗的业绩，将此洞命名为"青年洞"。

在建设红旗渠的伟大工程中，锻造了新中国人民气壮山河的精神；它已不是单纯的一项水利建筑工程，而已成为民族精神的一个象征。

中国澳门的葡京大酒店

澳门葡京大酒店于 1970 年落成，其独特的建筑外形是澳门的地标性建筑之一。其主楼和左右两翼楼，气势雄伟，造型多样，线条富于变化，结构不凡；颜色一律以黄为底、以白为间，给人一种雍容华丽又不乏轻松跳跃的感觉。

中国澳门当时最大的酒店

澳门葡京大酒店建成于 1970 年 6 月，是澳门当时最大的酒店。

说到葡京大酒店，不能不提及世界闻名的澳门赌王何鸿燊。

何鸿燊出身于香港赫赫有名的何启东家族，拥有犹太、荷兰、英国、中国多个民族血统。因为要融入华人社会，从其祖父何福一代开始改姓何。

何鸿燊的父亲何世光是香港著名富商，担任渣甸洋行的买办，是立法局议员及华东三院主席。

何鸿燊由于家庭背景优渥，从小过着衣食无忧的生活，就读于香港最好的学校——皇仁书院。后家道中落，何鸿燊尝尽了世态炎凉，发奋读书，以优秀的成绩考入香港大学，并获得奖学金。

抗战爆发后，香港失守。1941 年何鸿燊于香港大学理科学院肄业后，来到澳门，进入澳门联昌贸易公司担任秘书职务。由于他记忆力超凡，当时澳门的 2000 多个电话号码他能倒背如流；再加上善于交际，很快成了这家公司的得力干将，并为公司立下汗马功劳。1943 年，他分到了 100 万澳元的红利。

1945 年，何鸿燊转入澳府贸易局，担任供应部主任。两年后，他创办了澳门火水公司，主营煤油；后又与恒生银行创办人何善衡共同开办大美洋行，从事纺织品生意。

1953 年，何鸿燊回到香港，创办了利安建筑公司，从事地产和建筑生意。经过几年的打拼，他成为了香港的超级富豪。

1961 年，何鸿燊与霍英东等人合作，竞投澳门赌场，一举投得"白鸽票"

和"铺票"的专营权。次年元旦，他的第一个澳门赌场"新花园"赌场正式开张。

1962 年 5 月，澳门旅游娱乐有限公司成立，何鸿燊担任董事总经理，从此事业范围更加扩张。

1969 年，何鸿燊斥资兴建"葡京娱乐场"，其中就有葡京大酒店。1970 年 6 月 11 日，大酒店落成启用。

澳门的地标性建筑

葡京大酒店

澳门葡京大酒店是一座东南亚闻名的完善的旅游娱乐和赌博的综合性大酒店，它能为游客们提供交通、游览、客房、购物、银行等多种消费服务及各种类型的娱乐项目，俨然是一个小而完整的社会实体。

同时，大酒店以其独特的建筑外形，也成为了当时澳门的地标性建筑之一。

大酒店由主楼和左右两翼楼 3 幢相连建筑物组成，给人一种雍容华丽又不乏轻松跳跃的感觉。

主体建筑包括东座（旧翼）、西座（新翼）两幢酒店大楼，气势雄伟，造型多样，线条富于变化，结构不凡。

其主建筑为一个圆筒型的葡萄牙风格建筑物，远看形状像一个鸟笼；另外，东、西座各有一附翼大楼与圆形主建筑物彼此相连。

葡京娱乐场则位处酒店正门左侧，为一座 5 层高圆形建筑物。

大酒店内部，有大小几十个商场，商品种类齐全，琳琅满日，茶楼、酒楼生意兴隆。

中国台湾台北孙中山纪念馆

中国台湾台北市的孙中山纪念馆又称国父纪念馆，是为纪念中国近代民主革命的伟大先行者孙中山先生百年诞辰而兴建。它是一座传统的中国宫殿式建筑，琉璃黄瓦、飞檐翘角，气势恢宏，充分体现了中华民族的建筑特色。

为纪念伟大的革命先行者而建

孙中山先生是中国革命的先行者，中华民国的缔造者，是中国现代史上的一位杰出人物。

孙中山先生的丰功伟绩，源于他为了中华民族的民主而不懈奋斗的革命精神，源于以他为代表的革命党人在 1911 年发动的推翻千年帝制的辛亥革命。

辛亥革命集中反映了当时中国人民争取民族独立、振兴中华的深切愿望；推翻了清王朝的封建反动政府，结束了统治中国几千年的君主专制制度，建立了中华民国；极大地推动了中华民族的思想解放，为中国先进分子探索救国救民的道路打开了新的视野，在中国近代历史发展中具有重要的地位，是中国人民为改变自己命运而奋起革命的一个伟大里程碑。

台北孙中山纪念馆于 1972 年落成，是台湾著名建筑设计师王大闳的作品。

王大闳是台湾现代建筑运动先驱，20 世纪台湾重要的建筑师。他生于 1918 年，父亲是国民政府在大陆时期的外交总长。

王大闳早年在瑞士接受中等教育，后到英国剑桥大学学习建筑。1941 年进入美国哈佛大学，受教于现代建筑大师葛罗皮斯，并与著名华裔建筑师贝律铭同窗。

在解放战争时期，王大闳同家人来到台湾，从此便开始了他的建筑师之路。其中孙中山纪念馆便是他在台湾设计的优秀作品之一。

庄严伟岸的传统中国宫殿式建筑

孙中山纪念馆位于中山公园的正中，占地11.5万平方米，是一座传统的中国宫殿式建筑，琉璃黄瓦、飞檐翘角、气势恢宏。

馆外的公园广场宽阔洁净，周围还有九曲桥、池塘、假山、柳树等建筑点缀其间。

纪念馆的平面是长为100米的正方形，高30.4米。正面入口处的屋檐向上翻起，这种中国古老的屋顶造型，可追溯至唐宋。

不过，在借鉴传统建筑的同时，纪念馆也赋予了不同的新意。以简洁有力的线条勾勒屋脊，巧妙地将屋顶形成三度曲面，从造型上看，整个建筑接近完美。

同时，外观上以线条取代块面，注重柱子、门窗、屋檐的线条美感，色调朴实且耐看，具有淡泊而宁静致远的气质，整个建筑散发着一种东方古典的含蓄美。

登上纪念堂台阶，步入纪念大厅，正中间是一尊坐着的孙中山先生铜像。先生面色庄重，目光深邃，仿佛正在思考中华复兴的伟大事业。

台北孙中山纪念馆

坐像台基上写着选自《礼记·礼运》的文字："大道之行也，天下为公。选贤与能，讲信修睦……是谓大同。"

这百余字，正是孙中山先生一生追求、奋斗的理想目标，也是凝聚两岸人民的文化纽带。

馆内还辟有逸仙艺廊、德明艺廊、翠亨艺廊、载之轩、翠溪艺廊、翠溪艺廊视听室、视听中心团体欣赏室、中山讲堂、演讲厅、逸仙放映室、孙逸仙博士图书馆、励学室，等等。

第十一章
改革开放以来的建筑

对于一个具有如此悠久历史的国家来说，中国的城市空间也有种意想不到的面貌。在中国的城市中，当人们伫立在实实在在的名将贤相这些雕塑面前，历史并没有悄然而逝。

——《剑桥中国史》

国家大剧院闪亮登场

位于北京天安门广场西侧的国家大剧院，是亚洲最大的剧院综合体，也是中外文化交流的最大平台。其建筑造型新颖、前卫，构思独特，拥有世界最大穹顶，也是北京最深的建筑，体现出传统与现代、浪漫与现实的结合。

国家兴建的重要文化设施

中国首都北京市中心的天安门广场西侧，矗立着北京地标性建筑之一的国家大剧院。它是中国政府决定兴建的重要文化设施，早在 1958 年即第一次立项，曾被列入当时的"国庆十周年工程"。

但是，中间由于发生了种种不可预知的变化，国家大剧院的项目一直被拖延下来。

1996 年 10 月，中共第十四届中央委员会第六次全体会议通过的《中共中央关于加强社会主义精神文明建设若干问题的决议》中，才明确指出，要有计划地建成国家博物馆、国家大剧院等具有重要影响的国家重点文化工程。

次年 10 月，中央政治局委托北京市筹建国家大剧院。

直到 1998 年 4 月，国务院才批准国家大剧院工程立项建设，中国人多年的梦想才终于付诸实践。

国家大剧院立项之后，其设计方案又经历了 3 次竞标两次修改；历时 1 年零 3 个月，来自 10 个国家的 36 个设计单位参赛，先后有 69 个方案参加评选。

经过反复筛选、论证，并征求人大代表、政协委员意见，最终在 1999 年 7 月 22 日，中共中央政治局常委会讨论同意国家大剧院建筑设计方案，并选定法国巴黎机场公司设计、清华大学配合的法国方案。主持设计者为法国著名建筑设计师保罗·安德鲁。

2000 年 2 月，通过全国招标，确定北京城建、香港建设、上海建工

联合体为国家大剧院工程施工总承包单位。

2001年12月13日，国家大剧院工程正式开工建设。此后，建设者们在工地上展开了热火朝天的不懈奋斗，创造出一个个建筑史上的奇迹：

仅一年半时间，国家大剧院工程主体结构于2003年4月17日封顶；又仅用了76个工作日，大剧院整个壳体钢结构的吊装安装完成，创造了巨型壳体钢结构安装的"中国速度"。

2007年9月，国家大剧院宣布工程基本完工；12月22日正式开业运营，成为中国国家表演艺术的最高殿堂和亚洲最大的剧院综合体。

新颖独特的表演建筑艺术

国家大剧院以其建筑造型新颖、前卫，构思独特，成为新北京十六景之一的地标性建筑，和一处别具特色的景观胜地。

从外观整体来看，国家大剧院造型独特的主体结构立于一池清澈见底的湖水之上，外围有大面积的绿地、树木和花卉，不仅极大改善了周围地区的生态环境，更体现了人与人、人与艺术、人与自然和谐共融、相得益彰的理念。

国家大剧院以北京市最深的建筑，并拥有世界最高的穹顶而著称。

其中心建筑为半椭球形钢结构壳体，整个壳体风格简约大气，其表面

179

由18398块钛金属板和1226块超白透明玻璃共同组成，两种材质经巧妙拼接呈现出唯美的曲线，营造出舞台帷幕徐徐拉开的视觉效果。

每当夜幕降临，透过渐开的"帷幕"，金碧辉煌的歌剧院尽收眼底。壳体表面上星星点点、错落有致的"蘑菇灯"，如同扑朔迷离的

国家大剧院内景

点点繁星，与远处的夜空遥相呼应，使大剧院充满了含蓄而别致的韵味与美感。

进入剧院内部，最宏伟的建筑是金色为主色调的歌剧院，显得异常华丽辉煌。歌剧院主要上演歌剧、舞剧、芭蕾舞及大型文艺演出。观众厅设有池座1层和楼座3层，共有观众席2207个。舞台具备推、拉、升、降、转的先进功能，可倾斜的芭蕾舞台板，可容纳三管乐队的升降乐池。这些世界领先水平的舞台机械设备为艺术家的现场表现提供了丰富可能。

歌剧院的墙面上，安装的是弧形的金属网，声音可以透过去，而金属网后面的墙是多边形，这样就形成了视觉的弧形和听觉空间的多边形，做到了建筑声学和剧场美学的完美结合。

歌剧院拥有120平方米的大乐池，可容纳90人的三管编制乐队，也可升至观众席水平位置变成观众席。

在乐池中，还特别为指挥设计了专用升降台，指挥可以以这种特别的方式出场、谢幕。

国家大剧院内其他建筑空间，分别为音乐厅、戏剧场、第五空间及艺术长廊，共同组成了中外文化交流的最大平台和中国文化创意产业的重要基地。

十二位建筑师的结晶——长城脚下的公社

长城脚下的公社坐落在长城脚下 8 平方千米的美丽山谷，是由 12 名亚洲杰出建筑师设计建造的世界前卫建筑工程项目。它是私人收藏的当代建筑艺术作品，也是中国第一个荣获威尼斯双年展"建筑艺术推动大奖"的建筑作品。

"中国十大新建筑奇迹"之一

长城脚下的公社坐落在北京市延庆县水关长城脚下 8 平方千米的美丽山谷，是 SOHO 中国有限公司总裁张欣和董事会主席潘石屹投资，邀请亚洲地区 12 位著名建筑师设计和建造的高档特色酒店。

长城脚下的公社可谓是世界前卫建筑的代表，那 42 栋造型别致，软装至上的别墅，错落有致地建在陡峭安静的山谷里，从每一栋别墅，都能欣赏到未经修复的古老长城；而从公社的数条小径，也可以通往长城。

公社中的所有建筑，都表达出同一个理念：是周围自然环境的简单补充，与自然成为一个和谐的整体。

公社不仅仅是一座具有相当规模的高档特色酒店，更以其富有艺术感的房屋设计站到了亚洲当代建筑艺术标杆的风潮上。

2002 年，长城脚下的公社成为中国第一个被威尼斯双年展邀请参展并荣获"建筑艺术推动大奖"的建筑作品；同时，用木材和硬纸板制作的参展模型也被法国巴黎的蓬皮杜艺术中心收藏，这是蓬皮杜艺术中心收藏的第一件来自中国的永久性收藏艺术作品。

2004 年，美国供富有阶层看的一本旅游刊物《悦游》在其 5 月刊中写道："中国的大部分酒店都是毫无魅力的市中心的高楼大厦，而公社却开辟了一个崭新的天地。"

2005 年，长城脚下的公社被美国《商业周刊》评为"中国十大新建筑奇迹"之一。

十二名亚洲杰出建筑师的心血结晶

长城脚下的公社红房子

长城脚下的公社，由12名亚洲杰出建筑师共同设计完成，它们各自拿出了自己最为得意的设计理念，打造出了不同风格的建筑艺术精品，形成了一座"群英荟萃"式的世界前卫建筑工程。

公社俱乐部由韩国建筑师承孝相设计，为混凝土结构，共有2层，位于南边和东边山谷的端点位置，西边向着长城，是全公社内景观最美的建筑。

"手提箱"由中国香港建筑师张智强设计，位于核桃沟。它是以无限想象及感官愉悦面为原则，重新思索亲密感、隐私性、自发性与弹性的本质，提出一种满足最大弹性空间要求的简单设计。该建筑二层所有的墙均可临时拆除，变成一个通透的完整空间；沿屋顶降下的电动楼梯可到达屋顶平台，品尝美食并饱览长城美景。

"家具屋"由日本建筑师坂茂设计。它四面都是门，衣柜隐身门内，保持整体的和谐完整。外观空间和内部空间保持表里如一的单纯风格，简洁明快的特点俨然一个现代四合院。4间卧室，客厅与室内餐厅相通，露天庭院位居中央，置身其中，周围景观纷至沓来，有坐拥群山之感。

三号别墅由中国建筑师崔恺设计，曾有个诗意的名字——"看与被看"。这里室内室外相通，开阔视野与私密生活浓缩于方寸之地。人看山，山看人，室内看室外，室外看室内，邻里之间在看与被看的互动往来中享受无穷乐趣。

怪院子由中国香港建筑师严迅奇设计，是一个错落有致的3层空间，其两层露天庭院与院子中的小露台彼此呼应。3层的主卧无墙无门，如同一个独立升起的舞台，与户外风景紧紧相连，视野极为通透。

飞机场由中国台湾建筑师简学义设计。它的3个会客室如机场伸向不同方向的登机通道，还有一个半地下的私密空间将多边风格发挥到极致。

竹屋由日本建筑师隈研吾设计。纤纤细竹隔出的10多平方米的"茶室"是竹屋的点睛之笔，它悬于水上，六面皆竹，极具禅意。

大通铺由12幢别墅的设计师里唯一的女性、泰国建筑师堪尼卡设计，强调沟通和共享。二楼的卧室是一排大通铺，甚至每个卫生间里都有两个大浴缸，可以让你和朋友体验边洗澡边聊天的乐趣。

此外，还有新加坡建筑师陈家毅设计的双兄弟、日本建筑师古谷诚章设计的森林小屋、中国建筑师张永和设计的土宅、中国建筑师安东设计的红房子等，并配有山景餐厅、庭院餐厅、泳池咖啡、粉吧及儿童俱乐部等附属建筑。

长城脚下的公社竹屋

贝聿铭建北京香山饭店

北京香山饭店是由国际著名的美籍华裔建筑设计师贝聿铭主持设计的。整座饭店凭借山势，高低错落，以中国北方民居与苏州园林相统一，将西方现代建筑原则与中国古典营造手法相融合，成为融园林艺术、环境艺术为一体的建筑空间。

享誉中外的华裔建筑大师

北京香山饭店位于北京西山风景区的香山公园，是由国际著名的美籍华裔建筑设计师贝聿铭主持设计的一座融中国古典建筑艺术、园林艺术、环境艺术为一体的四星级酒店。

贝聿铭 1917 年出生于广东省广州市，祖籍苏州，为当地望族之后。1927 年，贝聿铭在上海读中学，后来又就读于上海圣约翰大学，读书期间确立了学习建筑的理想。

1935 年他远渡重洋，到美国宾夕法尼亚大学攻读建筑系，后转学到麻省理工学院，1939 年以优异的成绩毕业。

后来，他在纽约开设了自己的建筑设计师事务所，又成立了"贝聿铭设计公司"，多次完成复杂的设计任务，还得到了美国建筑师协会的奖项。

贝聿铭在纽约、费城、克利夫兰和芝加哥等地设计了许多既有建筑美感又经济实用的大众化的公寓，很受工薪阶层的欢迎。因此，费城莱斯大学颁赠他"人民建筑师"的光荣称号。同年，美国建筑学会向他颁发了纽约荣誉奖。

此后，贝聿铭又设计了科罗拉多州高山上的全国大气层研究中心、伊弗森美术馆、狄莫伊艺术中心雕塑馆等。

1978 年，旅居海外 43 年的贝聿铭应邀回到祖国进行考察。次年，他又先后 6 次来到中国，并设计出了一座建筑的文化坐标——北京香山饭店，1982 年建成营业。因此项独具特色的建筑，他于 1984 年获美国建筑学会荣誉奖。

北京香山饭店

中国北方民居与苏州园林的和谐统一

在香山饭店的设计中，贝聿铭试图在一个现代化的建筑物上体现出中国民族建筑艺术的精华。因此，他采用简洁朴素的、具有亲和力的江南民居为外部造型，将西方现代建筑原则与中国传统的营造手法巧妙地融合成具有中国气质的建筑空间。

香山饭店依偎在香山的怀抱中，此地风景自然天成，古木、流泉、碧荫、红叶的环境，决定了香山饭店园林和民居的双重典型性格。

虽然饭店总体积约15万立方米，但并没有视觉的庞然，而是结合地形，巧妙地营造出高低错落的庭院式空间，匍匐在层峦叠翠之间。

饭店的主体建筑的前庭、大堂和后院，分布在一条南北的轴线上。空间上连续贯通，营造出中国传统建筑"庭院深深"的美学表现。

后花园是香山饭店的主要庭院，3面被建筑所包围，朝南的一面敞开，远山近水，叠石小径，高树铺草，布置得非常得体，既有江南园林精巧的特点，又有北方建筑开阔的空间。

同时，贝聿铭大胆地重复使用正方形和圆形两种最简单的几何图形，大门、窗、空窗、漏窗，窗两侧和漏窗的花格、墙面上的砖饰、壁灯，宫灯都是正方形；月洞门、灯具、茶几、宴会厅前廊墙面装饰则为圆形，方与圆和谐地统一在一个整体之中。

中国香港中银大厦

港岛中区的香港中银大厦，是一座将中国的传统建筑意念和现代的先进建筑科技结合起来，由4个不同高度结晶体般的三角柱身组成，呈多面棱形，好比璀璨生辉的水晶体，在阳光照射下呈现出不同色彩。

贝聿铭的又一中国式代表建筑

中国香港"中银大厦"位于香港中西区，是中国银行(香港)的总部。大厦是1982年底邀请国际著名的华裔建筑大师贝聿铭开始规划设计的。

贝聿铭当时想到，要使大厦在高楼林立的香港"出人头地"，唯有向高空发展，于是将大厦的高度定为315米。

鉴于当地台风季节强劲的风力，修建如此高的建筑，其结构系统需要非比寻常的解决方式，著名结构工程师罗伯森向贝聿铭建议，采用以钢组构成盒状，内灌注混凝土，合成超强结构体。

香港是一个非常注重风水的地区，这里的风水师往往被人们奉若神明。大厦的设计图让风水师看过后，有人表示，大厦是一柄带有三角形尖刃的寒光四射的尖刀，说它"三尖八角"，煞气很重。而其刀刃，一面指向汇丰银行，另一面指向当时的港督府。

中银大厦"风水不好"的事情被报刊热炒。有人说，汇丰银行因此在其大厦楼顶架了4门机关枪；港督府则在中银大厦的尖角和总督府中心位置之间的直线上种植了杨柳，以柳树的形状柔和、圆润，对大楼刀一般的尖利角度起缓冲作用。

中国传统文化与现代建筑的结合

高300余米的中银大厦，是一个正方平面，对角划成4组三角形，每组三角形的高度不同，节节高升，使得各个立面在严谨的几何规范内变化多端。这是贝聿铭惯用的平面分割变化手法。

大厦的外观被贝聿铭充满诗意地比作"春笋"，其造型灵感源于中国竹子在传统文化中所寓意的"节节高升"，象征着中银香港力量、生机、茁壮和锐意进取的精神，也寓意未来继续蓬勃发展。

　　整座大楼采用由8片平面支撑和五根巨型钢混凝土柱所组成的混合结构"大型立体支撑体系"，这种支撑体系在改进结构性能方面具有独到之处：

　　1. 采用几何不变的轴力代替几何可变的弯曲杆系，来抵抗水平荷载，更加经济有效。

　　2. 利用多片平面支撑的组合，形成一个立体支撑体系，使立体支撑在承担全部水平荷载的同时，还承担了高楼的几乎全部的重力，从而进一步增强了立体支撑抵抗倾覆力矩的能力。

　　3. 将抵抗倾覆力矩用的抗压和抗拉竖杆件布置在建筑方形平面的4个角，从而在抵抗任何方向的水平力时，均具有最大的抗力矩的力偶臂。

中国香港中银大厦

　　4. 利用立体支撑及各支撑平面内的钢柱和斜杆，将各楼层重力荷载传递至角柱，加大了楼层重力荷载作为抵抗倾覆力矩平衡重的力偶臂，提高了平衡重的有效性。

上海的标志景观——东方明珠塔

东方明珠塔是上海国际新闻中心所在地，是浦东开发开放后第一个重点工程。它的建筑造型极有特点，犹如一串闪耀着璀璨的光芒的明珠从天而降，散落在上海浦东这片土地上，创造了"大珠小珠落玉盘"的意境，由此成为上海标志性建筑。

浦东开放后首个重点建筑工程

1983 年 8 月 25 日，上海市广播事业局局长邹凡扬分别给市长汪道涵和国家广播电视部领导写信，提出利用外资建造新电视塔的设想。

1984 年 3 月，汪道涵在上海市政府工作报告中正式提出：上海将新建一座电视发射塔。随后，市外经贸委批复同意中外合作建设经营 400 米广播电视塔的建议书。

经过反复勘察和研究，新建电视塔选址在浦东陆家嘴沿江至浦东公园一带。1985 年下半年起，建塔工程的申请立项、可行性论证、方案设计和资金筹措等实质性工作开展起来。

1986 年 10 月，建筑高度定为 450 米。次年 1 月，国家计委批准立项，同意将建塔项目列入上海"九四"专项，是浦东开发开放后第一个重点工程。

1989 年 3 月，在江泽民主持的中共上海市委常委扩大会议上，讨论决定选用华东建筑设计院的"东方明珠"方案。该方案的建筑构思和总体结构分别由建筑师凌本立和江欢成提出并完成。

1991 年 7 月 30 日，东方明珠广播电视塔奠基仪式隆重举行。随后进入实质性建设阶段，并且多次刷新建筑历史上的纪录。

1994 年 10 月 1 日，东方明珠塔正式竣工，与外滩的"万国建筑博览群"隔江相望，建设完成时，列亚洲第一，世界第三高塔。

1995 年 5 月 1 日，东方明珠广播电视塔正式启用。

鲜明的海派建筑特色

高达 468 米的东方明珠电视塔，是上海的标志性建筑。它选用了东方民族喜爱的圆体作为基本建筑线条，主体由 3 根直径为 9 米的立柱、塔座、下球体、上球体、太空舱等组成。

在外观上，塔座上方是 3 个斜筒体、3 个直筒体和 11 个大小不一、高低错落的球体组成，形成巨大的空间框架结构，具有鲜明的海派建筑特色，做到了现代科技与东方文化的完美统一。

11 个球体从蔚蓝的天空中串联至如茵的绿色草地上，犹

东方明珠塔

如一串从天而降的明珠，散落在上海浦东这片土地上，经过阳光的洗礼，闪耀着璀璨的光芒；而两颗红宝石般晶莹夺目的巨大球体被高高托起，整个建筑浑然一体，创造了"大珠小珠落玉盘"的意境。

高塔之所以选择多筒结构，是以风力作用作为控制主体结构的主要因素。主干那 3 根直径 9 米、高 287 米的空心擎天大柱间，有横梁连接；在 93 米处由 3 根与地面呈 60 度交角的巨大斜柱支撑着。

高塔有 425 根基桩入地 12 米，上千吨的 3 个钢结构圆球分别悬挂在塔身 112 米、295 米和 350 米的高空，成为外观光廊、悬空观光廊、旋转餐厅和太空舱，均为钢筋混凝土的建筑加 3 根近百米高的斜撑。

这样的结构，不仅使电视塔有着良好的抗风性能，塔身更具有较强的稳定性，其设计抗震标准为"7 级不动，8 级不裂，9 级不倒"。

中国台湾台北 101 大厦

台北 101 大厦，在 2010 年以前曾是全世界第三高的摩天大楼，在硬体建设上达到了世界最高的建筑水准。它从建筑设计、结构工程、营造施工、招商及营运管理等方面，集结全球专业经验，保持了中国世界纪录协会多项世界纪录。

中国传统与现代建筑特色的结合

台北 101 大厦位于中国台湾台北市信义区，在规划阶段初期，原名台北国际金融中心，由台湾著名建筑师李祖原设计。

李祖原 1938 年生于台湾，是一位军人子弟。由于从小家境不好，他的功课一度受到影响，甚至在班上倒数。直到小学五年级，成绩才开始有了起色。

李祖原师大附中毕业后，父亲一直希望他报考师范大学，日后好谋得一份安稳的工作。但李祖原考量自己的志趣与能力，经过几次与父亲激烈的辩论后，决定选择就读建筑系。

李祖原后来又留学美国，取得学位及建筑师资格后返回台湾。当时他的许多朋友对他不留在国外发展都深感不解。但李祖原认为，建筑是与自己社会和本土文化紧密相连的一门实用艺术。

为此，他致力于研究有中国传统特色的新建筑，一贯坚持主张"中国式建筑"的实践，开始探索在当代建筑中体现中国的传统文化精神，探索东西方文化在更高层次上的契合。

为此，李祖原曾接触中医及太极拳，体会中国人的生命气质；也曾认真研究儒家哲学，以培养恢宏的气魄，以期能将自己的建筑知识用在自己的土地上，解决与自己同文同种同胞住的问题。

最终，李祖原对中国传统文化和西方文化有了博大精深的理解，形成了自己于具象设计、微物放大的建筑设计风格，赋予当代建筑新的哲理。

从丁山香格里拉的大屋顶、沈阳方圆大厦到台北 101 大厦，都是他

"具""象"思路的体现。

台北101大厦

建筑结构美学与实用性的契合

台北101大厦的建筑结构，开创了国际摩天楼的新风格。它超越了单一量体的设计观，以中国人的吉祥数字"八"作为设计单元，每8层楼为一组自主构成的空间单元，彼此接续、层层相叠，构筑整体。

这种独特的高科技巨型结构，确保了防灾防风的显著效益。每8层形成一空间，自然化解高层建筑引起之气流对地面造成的风场效应，透过建筑设计绿化植栽区的区隔，确保行人的安全与舒适性。

大楼多节式外观造型，宛若劲竹节节高升、柔韧有余，既象征生生不息的中国传统建筑内涵，又形成了有节奏的律动美感。

内斜7度的建筑面，层层往上递增；无反射光害的高度透明能隔热帷幕玻璃，让人们在台湾的最高建筑内，观天看地。

而内部的高科技材质及创意照明，以透明、清晰、营造视觉穿透效果，与自然及周遭环境大尺度地融合。

另外，台北101大厦保持了中国世界纪录协会多项世界纪录：实体高度加天线高度为508米列为世界第一摩天大楼、世界第一座防震阻尼器外露于整体设计的大楼、世界最高速度的电梯……

扩建北京首都国际机场

北京首都国际机场是"中国第一国门",是我国最重要、规模最大、设备最先进、运输生产最繁忙的大型国际航空港。改革开放之后,经过不断扩建,不仅为旅客带来了极大便利,更成为中国的空中门户和对外交流的重要窗口。

打造"中国第一国门"

北京首都国际机场建成于 1958 年,一号航站楼于 1980 年 1 月 1 日正式启用。

随着我国经济体制改革的深入和对外开放的日益扩大,首都机场的客货运输量逐年剧增。进入 20 世纪 90 年代,首都机场仅用 7.8 万平方米的航站楼和配套的附属设施,承担着国内外 54 家航空公司运营的 168 条航线,由于客货运输量的急剧增加,首都机场现有设施处于全面紧张状态。

1995 年 10 月 26 日,北京首都国际机场航站区扩建工程正式开工,并被列为"九五"期间国家重点建设工程"重中之重"。

这次首都机场扩建工程,包括新建航站楼 24 万平方米、停车楼 17 万平方米、停机坪 47 万平方米和 144 项配套工程,其建筑规模、配套项目、投资金额,都为我国民航建筑史之最。

1999 年 11 月 1 日,经过 4 年的精心建设,北京首都国际机场航站区扩建工程正式竣工。这次扩建工程的完成,使首都国际机场成为我国规模最大的国际航空港,并步入世界较先进机场行列,被誉为"中国第一国门"。

之后,从 2004 年 3 月至 2007 年底,又扩建了三号航站楼工程,确保了 2008 年奥运会之前投入正常运营。

现代化的建筑艺术和服务设施

扩建后的首都国际机场,新的二号航站楼为对称的"H"形,呈银灰色,

地下 1 层，地上 3 层。其设计、工艺流程和设备采购都采取了国内外公开
招标的形式，采用了多项新工艺、新技术，解决了高强度混凝土、超长结
构等施工上的技术难题，保证了工程质量、工期、控制概算目标的实现。

　　航站楼内的地面信息管理系统、行李自动分拣系统、离港系统、安全
检查系统、飞机泊位引导系统等也都达到世界先进水平。

　　三号航站楼位于机场东边，总建筑面积 98.6 万平方米，是世界第二
大的单体航站楼。它由主楼和国内候机廊、国际候机廊组成，配备了自动
处理和高速传输的行李系统、快捷的旅客捷运系统及信息系统。

　　从空中俯瞰三号航站楼，犹如俯卧在北京城东北部的一条巨龙，蓄势
待飞：

　　淡绿色的通道中心是龙珠，金黄色的顶部是龙身，楼顶那 155 个三角
形玻璃窗，则恰如龙脊上无数闪光的鳞片……

　　同时，这种"龙鳞"样式天窗的独特造型，不但为航站楼的整体建筑
增添恢宏气势，更是国内机场首次运用的大规模自然采光设计思想，可以
有效地节约照明能源，使整个三号航站楼建筑通透大方。

　　三号航站楼不仅建筑外形在时尚元素中融入中国古典意象，内部景观
中的《紫微辰恒》雕塑、《四海吉祥》大缸、汉白玉《九龙献瑞》更是彰
显文明古国源远流长的历史。

哺育人类梦想的鸟巢

国家体育场"鸟巢"位于北京奥林匹克公园内、北京城市中轴线北端的东侧。它以中国自主创新研制的Q 460钢材，撑起了钢筋铁骨；脚手架围成一个椭圆，勾勒出温馨的"鸟巢"形状，是科技奥运的完美体现。

为北京奥运会而进行国际竞标

2001年7月，中国北京申办2008年奥运会获得成功，举国欢庆！

2002年10月25日，北京市规划委员会受北京市人民政府和第二十九届奥运会组委会授权，面向全球征集2008年奥运会主体育场，即中国国家体育场的建筑概念设计方案。

奥运会是一个规划庞大的国际化文化体育盛会，要求各项工作要充分体现国际化特点。而国家体育场是第一个进入建筑设计程序的北京奥运场馆设施。因此，北京奥组委和市政府非常重视，特意面向全球公开发售奥运项目举行国际性的资格预审和意向征集文件竞赛。

截至2002年11月20日，竞赛办公室共收到44家设计单位提供的有效资格预审文件。

奥运会不仅吸引着世界上最伟大的运动员创造最好的成绩，而且吸引着世界上最伟大的建筑师创造最伟大的作品，包括世界建筑设计最高奖"普利茨克奖"得主在内的全球许多最具实力的设计团队和最有才华的设计师都参与了这次竞赛。

评审委员会经过对参赛设计单位或联合体的资格审查，最终确定了14家设计单位进入正式的方案竞赛。

这些设计单位分别来自中国、美国、法国、意大利、德国、澳大利亚、日本、加拿大、瑞士、墨西哥等国家和地区。

在评审委员会收到的众多设计方案中，由瑞士赫尔佐格和德梅隆设计事务所、奥雅纳工程顾问公司及中国建筑设计研究院设计联合体共同设计的"鸟巢"方案，引起了大家的注意。

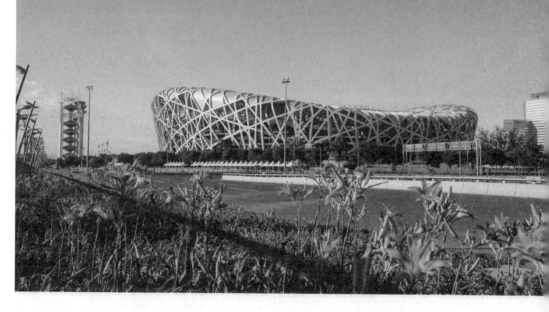

鸟巢外景

　　2003 年 1 月，大家经过以后的推敲，最终确定瑞士设计师赫尔佐格的 "鸟巢" 形状，理由是：鸟是人类的朋友，它们能够自由在蓝天上飞翔，象征着人类追求更快、更高、更强的精神；鸟巢是鸟类最安全可靠的 "家"，寄托着人类对未来的希望。

　　2003 年 12 月 24 日，北京城建集团承建的国家体育场 "鸟巢" 举行开工仪式。

　　经过 5 年的艰苦奋斗，2008 年 6 月 28 日，"鸟巢" 举行了简短而隆重的落成典礼。

中国现代建筑艺苑的一朵奇葩

　　"鸟巢" 的建筑设计，从更广的意义上来说，代表了 "自然、科学和人类" 的思索，建成后，成为了北京的标志性建筑，并为人们提供自然的乐趣。

　　"鸟巢" 坐落于奥林匹克公园建筑群的中央位置，地势略微隆起。它如同巨大的容器。高低起伏的波动的基座缓和了容器的体量，而且给了它戏剧化的弧形外观。

　　体育场的外观就是纯粹的结构，立面与结构是同一的。顶面呈鞍形，长轴为 332.3 米，短轴为 296.4 米，最高点高度为 68.5 米，最低点也有 42.8 米。

　　鸟巢各个结构元素之间相互支撑，汇聚成网格状，内部没有一根立柱，恰如树枝编织成的鸟巢，散发出灰色矿质般的光芒。

鸟巢内景　　　这些钢筋铁骨，用的是中国自主创新研制的Q460钢材，总用钢量为4.2万吨，混凝土看台分为上、中、下三层，看台混凝土结构为地下1层，地上7层的钢筋混凝土框架——剪力墙结构体系。

顶钢结构上覆盖了双层膜结构，即固定于钢结构上弦之间的透明的上层ETFE膜和固定于钢结构下弦之下及内环侧壁的半透明的下层PTFE声学吊顶。这样，就最大限度地利用了自然通风和自然采光。

而土红色的没有任何遮挡的碗状体育场看台则被围拢其中，如同一个巨大的容器，赋予体育场以不可思议的戏剧性和无与伦比的震撼力。

鸟巢的建筑造型，运用了中国传统文化中镂空的手法，它使得陶瓷的纹路、红色的灿烂与热烈，与现代最先进的钢结构设计完美地融合在一起。

在满足奥运会体育场所有的功能和技术要求的同时，设计上并没有被那些类同的过于强调建筑技术化的大跨度结构和数码屏幕所主宰。

"鸟巢"的空间效果新颖激进，但又简洁古朴，被誉为"第四代体育馆"的伟大建筑，它见证的不仅仅是人类21世纪在建筑与人居环境领域的不懈追求，也见证着中国这个东方文明古国不断走向开放的历史进程。

北京奥运会标志性建筑物之一——水立方

"水立方"是北京为 2008 年夏季奥运会修建的主游泳馆。它的方形外观体现了中国文化中以纲常伦理为代表的社会生活规则，又能够最佳体现国家游泳中心的多功能要求，从而实现了传统文化与建筑功能的完美结合。

天圆地方阴阳之美的冰晶龙宫

2002 年 10 月，受北京市政府和北京奥组委授权，北京市规划委员会面向全球公开征集奥运会主体育场和游泳中心等主要场馆的建筑概念设计方案，全球多家著名设计单位报名参加投标。

此后，国家游泳中心竞赛办公室共收到来自全球 13 个国家和地区的 33 家世界级设计单位或联合体报名提供的有效资格预审文件。

经过资格预审，由专家委员会评选出 10 家设计单位作为参赛人。他们有在柏林奥运会游泳馆设计竞赛中胜出的法国多米尼克·普洛特设计事务所，2000 年悉尼奥运会游泳馆设计团队澳大利亚考克斯集团有限公司与中国北京建筑设计研究院组成的联合体等。

2003 年初，国家游泳中心设计班子选定 3 家。其中海归建筑师王敏加入的是由中国建筑工程总公司牵头的设计联合体。

王敏他们当时考虑最多的问题是，如何在游泳馆这种形式感和功能性都很强的建筑里体现东方特点和中国文化血脉。王敏向团队阐释了"天圆地方""方形合院"在中国文化中的重要性；而且跟椭圆形的"鸟巢"形成了鲜明对比，就是中国人所说的"阴与阳""乾与坤"。

这促使大家对方形建筑作了特别的探索，最终确定了游泳馆"水立方"的设计方案，并从诸多方案中脱颖而出，被确定为国家游泳中心的设计方案。

2003 年 12 月 24 日，水立方举行奠基仪式，土方及基础处理工程开工。经过 4 年多的建筑安装、反复调试，2008 年 1 月 28 日正式验收竣工。

水立方夜景

阳光下晶莹的水滴

　　水立方独特的结构设计思想，使它具有了别具一格的视觉效果。方形是中国古代城市建筑最基本的形态，它体现的是中国文化中以纲常伦理为代表的社会生活规则。而在中国文化里，水是一种重要的自然元素，并激发起人们欢乐的情绪。

　　"水立方"与"鸟巢"两座奥运场馆相映成辉。椭圆形的"鸟巢"完全由保持钢铁原色的钢结构编织而成，充满阳刚气息，"水立方"则呈现宁静、祥和、诗意的气氛。"鸟巢"是全世界跨度最大的钢结构建筑，"水立方"的膜结构也堪称世界之最。

　　水立方的长、宽各为170米，高31米。最引人注意的就是钢结构撑起的外围形似水泡的ETFE透明膜，它能为场馆内带来更多的自然光。

　　这种膜材料的质量只有同等大小玻璃的1%，韧性好，并且不会自燃；另外，它们还有奇妙的自洁功能，使其能保持一尘不染，始终如同"阳光下晶莹的水滴"。

　　水立方的内部是一个多层楼建筑，对称排列的大看台视野开阔，馆内乳白色的建筑与碧蓝的水池相映成趣。

三峡大坝横空出世

三峡水电站是世界上规模最大的水电站，也是中国有史以来建设的最大型的工程项目。它主要有三大效益，即防洪、发电和航运，其中防洪被认为是三峡工程最核心的效益。而此效益的获得，主要就是三峡大坝的横空出世。

为民造福的千秋功业

在中国历史上，长江上游河段及其多条支流频繁发生洪水，淹没乡村和农田，给人民带来了巨大灾难。

自古以来，历代王朝都曾企图治理长江水系，但均收效甚微。新中国成立之初，国家大力建设水利工程。

早在20世纪50年代，毛泽东曾几次乘坐"长江"舰视察长江，与水利专家讨论过要在长江干流和主要支流上逐步兴建一系列梯级水库拦洪蓄水，综合利用，解除水害。

毛泽东当时想到，无数的水库也抵不上一个三峡水库，并指示："要把三峡工程列入长期计划。我是看不到了。将来建成时，你们写一篇祭文，告诉我。"

此后多年，专家们踏遍三峡，勘测适宜修建大坝的地址。

1980年7月，邓小平从重庆沿江而下，视察了葛洲坝工程，再次与专家讨论三峡修建大坝的问题。在他的促动下，三峡建设再次被提上了议事日程。

1986年6月，经过反复研究后，中共中央、国务院联合发出了《关于三峡工程论证工作有关问题的通知》。此后经过重新论证、考察、对比，1989年9月，在重新论证的基础上，编写了三峡工程的可行性研究报告，正式确定坝址选在湖北宜昌西陵。

1990年7月，国务院在听取了重新论证的情况汇报和各方面的意见后，决定成立国务院三峡工程审查委员会，对可行性研究报告进行审查。

三峡大坝　　　　1993 年，国务院设立了三峡工程建设委员会，由国务院总理李鹏兼任委员会主任。

　　1994 年 12 月 14 日，三峡坝址举行了开工典礼，宣告三峡工程正式开工。工程共分三期进行，至 2002 年 11 月 6 日，三峡工程导流明渠截流胜利合龙，标志着大坝将三峡全线截流；2006 年 5 月 20 日全线修建成功。

世界最大的水电站枢纽建筑

　　三峡水电站是长江水利枢纽工程，三峡大坝则是枢纽中的枢纽，也是中国乃至世界上迄今为止最大的水利建筑工程。

　　大坝工程包括主体建筑物及导流工程两部分，为混凝土重力坝，坝顶总长 3035 米，坝高 185 米。

　　三峡工程从最初的设想、勘察、规划、论证到正式开工，经历了近 70 年。在这漫长的梦想、企盼、争论、等待相互交织的岁月里，三峡工程载浮载沉，几起几落。

　　在中国综合国力不断增强的 20 世纪 90 年代，三峡工程建设正式付诸实施，又耗时 12 年，这座世界上最大的电力工程才告完成，成为是人力改造自然的象征。

　　三峡大坝则宛如一条出海的蛟龙腾飞江中，又如一架美丽的彩虹横卧江上。大坝建成后，形成从宜昌到重庆绵延 650 公里的人工湖，碧水连天，烟波浩淼，"高峡出平湖"的壮观景象展现在世人面前。

中国美院的奇葩——象山校区

中国美术学院象山校区建设，注重整体环境的意境营造，借鉴中、西方大学校园的发展模式，融建筑、空间、园林绿化、自然环境于一体，是真正符合教育旅游要求的园林式、开放式的校园环境。

重造自然的设计理念

中国美术学院象山校区位于杭州转塘镇，周围青山绿水环绕，白鹭在山间飞翔。

校区一期、二期工程均由中国美院建筑艺术学院院长、著名建筑设计师王澍设计。他认为：规划并建设一个美术学院的校园，不仅是一个景观问题，而是在更本质的层次上对建设模式的选择。

更重要的是，它决定着知识与教育将来在一个什么样的人文世界中成长，决定着学生的世界观、艺术观、道德观将在一个什么样的人与自然的关系中养育，并最终影响、决定着我们所生存的这块土地的未来。

因此王澍在设计时，抱定"在飘移的空间里，有中国建筑的发展脉络"的宗旨，体现出一种与众不同的中国建筑营造观。

所以，整个方案正是重新发现自然，并让建筑场所回到重新再造自然场景之中，回到一个有森林、花草、山水组成的原生态的自然之中的一个尝试。

王澍在规划完成之前，曾几次爬上六合塔，并拍下了从塔内各个窗口向外看的镜头，这些镜头表现出了一系列变化微妙的山水美景。后来，他把这些镜头的效果略加更改，分散在了象山校区的各个角落。

在建设过程中，还将华东各省的拆房现场超过 300 万片不同年代的旧砖瓦，收集到象山，这些可能被作为垃圾抛弃的东西，在这里却被循环利用，并有效控制了造价。

中国美术学院
象山校区

整理山水的建筑奇观

象山校区整体上是以中国传统"回"字形大合院的形式，使建筑之间都是院落，整体建筑看上去仿佛自土地中生长起来。

象山山耸水环，风景充满诗意，设计者从中国传统造园"天人合一"的思想出发，对山水进行整理，这种思想隐含的一个重要意思是：人的房屋不应是最重要的，在江南的弱势山水中，房屋应该质朴而谦逊，避免过分夸张的建筑体量与造型表现，建筑首先应考虑隐退。

那穿越山水、建筑的漫游环路中的宽大走廊，路亭般的山边、水边小屋，都是某种既可步行、可展览，又可以成为城市旅游的一个新的文化景观。

那取自旧房的砖瓦石所组成的质朴而谦逊的砖墙、石墙、夯土墙、水泥抹灰本色墙，简单的砌筑方式，随自然而变，生趣盎然。

其间杂以颇具后现代气息的简易木作和朴实钢构，体现出人们在长期与山水的共存中，一种面对自然的本能的基本智慧。

而且由于王澍在六合塔上的"镜头取景改造"，在一路的参观中，就经常会有一些似曾相识的风景跃入眼中。

比如其中的一个院子里，一回头，透过那个大门框，居然能够领略到《溪山行旅图》的镜头！

这种整理山水、有意分隔的做法，既是传统中国的，也是全新的当代创造，形成在喧嚣繁华的市镇中，一片宁静旷远的场所。

中国乡村城市化的典范——宁波滕头案例馆

宁波滕头案例馆以宁波市滕头村作为切入点，以"新乡土、新生活"的理念，以"天籁地籁""天动地动""天和人和"3个板块为基础，从而达到城市与乡村互相融合的美丽远景，充分反映了中国城乡和谐发展的生动实践。

唯一入选上海世博会的乡村实践案例

2010年，上海世博会首创了城市最佳实践区，这给城市独立参展世博会提供了机会，中国浙江宁波滕头村从而成为全球唯一入选上海世博会的乡村实践案例。

宁波滕头村是全球生态500佳和世界十佳和谐乡村，以环境、和谐为主题的城市化乡村创建，是对国际化城市乡村发展规律的探索，以及对人类新型存在空间、活动关系和环境形态的创造。

滕头村的"生态理想化、生态资源化、生态生活化、生态产业化"发展战略，营造了"村在景中、景在城中"的生活模式，成功走出了"以生态促旅游，以旅游养生态"的特色经济发展路径，是中国乡村城市化的代表之一。

上海世博会宁波滕头村案例展馆，由中国美术学院建筑艺术学院院长王澍教授设计。2010年2月开工建设；4月10日，在上海世博会城市最佳实践区竣工亮相。

10月31日上海世博会的大幕落下，在214天的运营工作中，宁波滕头案例馆成为最受欢迎的城市最佳实践区参展案例之一。

呈现中国乡村城市化的建筑精髓

宁波滕头案例馆位于上海世博会城市最佳实践区北部，建筑面积1500平方米，为两层独立建筑。外观古色古香，东西南3面墙体，由60余万

宁波滕头案例馆

块旧瓦片和古砖构筑而成。北面是竹片模板工艺贴加于混凝土表面而成，朴素典雅，生机满墙；东面入口区墙面以一种特殊植被进行了垂直绿化，可以调节室内温度。

门、窗、墙体、屋顶等运用体现江南民居特色的建筑元素，以空间、园林和生态化的有机结合，表现"城市与乡村的互动"，再现全球生态500佳和世界十佳和谐乡村的发展路径。

扶着"瓦片"墙，沿着馆内的"岁月走廊"坡道走进馆内，能听到中国农历二十四节气从立春到大寒的"天籁之音"，还能欣赏到蓝天白云、鸟语花香的生态景观。

该馆的景观结构取材于明代画家陈洪绶的《五泄山居图》，富有中国古典山水画卷的独特意韵，设计者利用二维的山水绘画，却还原出了多维的效果，不管从哪一个角度去感受，都能让人体会到一种"天人合一"的高远境界。

走上二楼，是一个大大的园子。在温室大棚中，有刚刚发芽的水稻苗；旁边的草莓田，已有果实零星散布枝叶间；四面的墙壁上，特殊的植物正展露着蓬勃生机；园中各处，有翩翩飞舞的彩蝶。

置身其中，深深呼吸着清新舒爽的花香，给人以无限轻松惬意。仰望屋顶，能看到几十棵六七米高的大树。

屋顶长树，屋边绕竹，屋内种稻，好一派自然恬淡的田园风光！

案例馆从馆体建设的浙东建筑文化，到入口和二楼方田的农耕文明、胡铁纷飞的梁祝文化，以及以十里红妆为代表的宁波非物质文化，匠心独运的村庄规划和园林营造，人与自然的巧妙结合，演绎出现代都市的一曲田园牧歌。

南京大屠杀纪念馆

南京大屠杀纪念馆以其主要遗址和重要史料，成为侵华日军对中国人民所犯下残酷暴行的缩影和集中陈列，构成了生与死、悲与愤为主题的纪念性墓地的凄惨景象，成为国际间祈祷和平与历史文化交流的重要场所和"全国爱国主义教育示范基地"。

为铭记侵华日军惨无人道的暴行而建

位于南京市建邺区水西门大街的侵华日军南京大屠杀遇难同胞纪念馆，是中国首批国家一级博物馆和"全国爱国主义教育示范基地"。

1937 年 12 月 13 日，日本侵华军队攻占了当时的中国首都南京，悍然进行大规模屠杀、强奸，以及纵火、抢劫等反人类罪行。

暴行从攻占南京之日起，一直持续了 6 周，日军在南京各地制造了多起集体屠杀和分散屠杀事件。当时，无论城外还是城内，无论主要干道还是偏僻小巷，无论军政机关还是居民住宅，甚至连寺庙庵观都成了日军肆虐之地。

屠杀之后，日军又采用抛尸入江、火化焚烧、集中掩埋等手段，毁尸灭迹，一时间，南京城内外尸横街巷，焦骸遍野。

战后，据军事法庭查证：日军集体大屠杀 28 案，19 万人，零散屠杀858 案，15 万人，总计被害人数达 30 万人以上。

新中国成立后，多年来，都在以各种形式悼念南京的遇难者。为了以史为鉴，开创未来，于 1985 年建成了这座纪念馆；1995 年又进行了扩建。

国际间祈祷和平与历史文化交流的场所

南京大屠杀纪念馆是一处以史料、文物、建筑、雕塑、影视等综合手法，全面展示"南京大屠杀"特大惨案的专史陈列馆。

纪念馆占地面积 3 万平方米，建筑面积 5000 平方米。建筑物采用灰

南京大屠杀纪念馆　　白色大理石垒砌而成，气势恢宏，庄严肃穆。

　　纪念馆的正门左侧，镌刻着邓小平手书的"侵华日军南京大屠杀遇难同胞纪念馆"馆名。

　　陈列分广场陈列、遗骨陈列和史料陈列3大部分。

　　广场陈列由悼念广场、祭奠广场和墓地广场3个外景陈列场所组成。

　　悼念广场内有外形如十字架的标志碑，上部刻有南京大屠杀事件发生的时间；还有"倒下的300000人"的抽象雕塑、"古城的灾难"大型组合雕塑等。

　　松柏肃立的祭奠广场，有刻有馆名的纪念石壁和用中英日3国文字镌刻的"遇难者300000人"石壁。

　　墓地广场有鹅卵石、枯树和沿院断垣残壁上的3组大型灰色石刻浮雕及院内道路两旁的17块小型碑雕，部分地记载着南京大屠杀的主要遗址、史实。

　　在绿树环绕的草坪上，还有大型石雕母亲像、遇难者名单墙、赎罪碑等，构成了生与死、悲与愤为主题的纪念性墓地。

　　外形为棺椁状的遗骨陈列室，这里陈列着从纪念馆所在地的江东门"万人坑"中挖出的部分遇难者遗骨，是侵华日军南京大屠杀暴行的铁证。

　　史料陈列厅呈平顶半地下墓室形，厅内陈列着当年日军屠杀现场照片和日军官兵的日记、供词等，还有中外人士当年对这次历史惨案所写的纪实、报道和出版的专著、图书、报刊，以及1000多位幸存者的名册、证言、证词和实物。

木心美术馆

坐落于中国浙江乌镇的木心美术馆，致力于纪念和展示画家、文学家、诗人木心先生的毕生心血与美学遗产。它不仅是一座收藏过去的美术馆建筑，而且是向未来开放的精神指向和学术空间，为木心的研究提供了完整的文献。

为纪念木心的艺术贡献而建

木心 (1927—2011) 是中国现代著名的画家、文学家，浙江乌镇人。他自幼酷爱绘画、文学，习练钢琴和谱曲。12 岁写诗，16 岁在当地报刊发表散文。1946 年入上海美术专科学校，1949 年任杭州绘画研究社社长。

20 世纪 50 年代后，木心曾任中学教师与上海工艺美术设计师，业余写作不辍，著有 20 余种作品，文革初抄没。前后三度被囚禁，狱中成手稿 66 页。

1979 年平反后，他出任工艺美术家协会秘书长。1982 年移居纽约，分别在海峡两岸先后出版诗集、文集 30 余种。

同时木心在绘画上也取得了很大成就。2001 年在耶鲁大学美术馆举办大型个展，并巡回芝加哥美术馆、夏威夷美术馆、纽约亚洲协会美术馆，随展出版精装画册。

进入 21 世纪后，木心应家乡乌镇竭诚邀请，于 2006 年回乡定居。

2010 年，木心去世前一年，由乌镇领导陈向宏陪同选定馆址，由贝聿铭弟子、纽约 OLI 事务所冈本博、林兵设计督造，开始修建"木心美术馆"。2011 年木心去世；2015 年，美术馆建设竣工。

山水与桥梁的组合

木心美术馆位于浙江乌镇西栅景区，总体占地面积 6700 平方米，建筑师通过木心作品的复杂性及其写作中获取灵感，通过空间、建筑的形式

木心美术馆　展现。

　　全馆建筑坐北朝南，以修长的、高度现代的极简外观造型，与木心先生心仪的简约美学相契合。它跨越乌镇元宝湖水面，与水中倒影相映，成为乌镇西栅一道宁静而清俊的风景线。

　　美术馆借鉴了乌镇的古老的城市布局原理，通过"街道"将混凝土外墙的展览空间相连，蜿蜒交错中形成一道独特的风景线。

　　不同体量的空间相交而形成的多变的空间，通过"街道"和水道的边缘予以空间的定义，游客在其中不仅能感受到空间的变化，更能通过生理空间的感受进入复杂的木心艺术世界。

　　木心先生临终卧床期间，在谵妄中看了美术馆设计方案，曾喃喃道："风啊、水啊、一顶桥。"现在，狭长而简洁的美术馆，临水而立，回应了这位诗人高度概括并预见了今天建成的美术馆与周边故乡的景致；而"桥"的隐喻，为木心毕生融会东西方文化与美学的艺术实践，做出了绝佳写照。

　　木心美术馆以其多重的戏剧性与不可比性，引领着未来的、良性的人文关怀，是值得期待的文化事业。

创造众多世界之最的张家界玻璃桥

中国湖南张家界大峡谷的玻璃桥"云天渡"，是一座兼具行人通行、游览、蹦极等功能的全透明景观桥梁，其长度、高度位居世界第一，创下世界首座斜拉式高山峡谷玻璃桥、首次使用新型复合材料建造桥梁等多项世界之最。

穿越云天的透明渡桥

2012年11月23日，中国湖南省张家界大峡谷景区决定，在栗树垭和吴王坡区处修建一座世界最高、跨度最长的玻璃桥。

该大桥是有"创了当代建筑新语言"之誉的以色列著名建筑艺术家渡堂海（Haim Dotan）设计，他认为："置身于仙境般的国家公园，我相信自然、和谐、平衡与美丽。自然本身就是美丽的，我们要尽可能不去打扰它。因此，玻璃桥采用尽可能隐形的设计，使它自然而然地消失在白云中。"

为此，渡堂海携以色列著名建筑安全分析师Doronshalev多次来到张家界，进行实地考察玻璃桥建设项目。

玻璃桥项目确定后，由中国建筑业龙头企业——中国建筑第六工程局桥梁有限公司实施工程建设。

2014年11月15日，大峡谷玻璃桥初步设计方案通过专家评审，标志着该桥主体建设将进入实质性阶段。

2015年12月3日，随着最后一片重达41吨加劲梁的精准吊装，玻璃桥钢箱梁成功合龙。同时，张家界大峡谷景区向全球发起了玻璃桥征名活动。

2016年3月，上海网友杨先生提交的"云天渡"以网上高票最终入选。

天桥合一的建筑奇观

张家界大峡谷"云天渡"玻璃桥总长430米、宽6米，桥面距谷底相对高度约300米。它宛如千尺白绫在云雾之间若隐若现，一踏上桥面，便

张家界玻璃桥

从山水之中突然超脱出山水之外。"渡"既是将人渡过峡谷，也将同行之人的心渡得更加接近，是谓"天桥合一，以渡天下之人"。

玻璃桥具有跨越、旅游游览和景观功能。在设计建造过程中，克服了建筑选材、玻璃工艺、抗风防滑、抗压防冻等多项技术难题。整个桥面全部采用透明玻璃铺设，全无钢筋混凝土桥墩和钢筋支架；材料首选航空航天材料，提高桥梁结构的稳定性和安全性，这在世界桥梁建设史上实属罕见。

玻璃桥的最大游客容量为 800 人。针对众多行人在桥上齐步走时容易引发共振，导致大桥结构变形的技术问题，在桥上各处，"毫无规则"地放置着 72 个重达几百公斤的玻璃球。这样就打乱了众多行人齐步通行的步伐，有效遏制了所产生的共振作用。

玻璃桥拥有 10 项世界第一：

世界最长的玻璃人行、观景桥；

世界首座玻璃作为主受力结构的大型桥梁；

世界首座玻璃承重最重的桥梁；

世界首座超大跨度而没有抗风缆的悬索桥；

世界首座空间索面大张开量索桥；

世界主梁高跨比最高的桥梁；

建有世界最高的蹦极台；

建有世界最陡的溜索；

世界最柔、舒适性最好的桥梁。

世界首座同时采用电涡流阻尼、水阻尼、螺仪电动减振阻尼等各种措施保证人行舒适性的桥梁。

因此，张家界大峡谷玻璃桥被国内外桥梁专家评价为"世界桥梁建筑史上的奇迹"。

210

世界上最长的跨海大桥——港珠澳跨海大桥

港珠澳大桥项目跨越伶仃洋，东接香港，西接珠海和澳门，是"一国两制"框架下粤港澳三地首次合作建设的大型跨海交通工程，也是世界上最长的跨海大桥工程。工程完成后，从香港到珠海的车程只需半小时，将粤港澳三地紧密连接在一起。

全球最具挑战的跨海建设项目

中国的香港、澳门和珠海是相邻的三地口岸，但是由于伶仃洋海域的阻隔，人们从珠海到香港陆上可能要花费 4 个小时，从澳门到香港的水路也要花费 1 个多小时。

为此，三地经过磋商决定，修建一座大型跨海桥梁，首次实现澳门、珠海与香港的陆路连接，使三地成为"半小时生活圈"。

早在 1983 年，香港的建筑师胡应湘就曾第一个提出过建造港珠澳大桥想法。但是，由于此构想即使在国外顶尖桥梁专家眼里，也是"全球最具挑战的跨海项目"，当时各方面条件并不成熟。不过到了 1987 年，珠海市也开始酝酿开辟珠港跨海通道。

中国改革开放之后，大陆经济飞速发展，促使港府亟待加强两岸的紧密联系，一次次向中央政府表示：港珠澳大桥在促进香港、澳门和珠江三角洲西岸地区经济上的进一步发展具重要的策略意义！

到了 2009 年 10 月 28 日，中国国务院常务会议经讨论后，正式批准港珠澳大桥工程可行性研究报告。

同年 12 月 15 日，全球第一例集桥、岛、隧道于一体的跨海大桥——港珠澳大桥项目，在珠海举行开工仪式。

2011 年 12 月 7 日，大桥重点工程之一，隧道两端专门填建的两个人工岛主体结构工程，仅用 7 个月就完成了施工任务！

2013 年 5 月 6 日，大桥岛隧工程首节沉管顺利与西人工岛暗埋段对接，完成首个"海底之吻"壮举。

211

港珠澳跨海大桥　　　2017 年 7 月 7 日，港珠澳大桥海底隧道段的连接工作顺利完成，跨海大桥主体工程全面实现贯通！

"新世界七大奇迹"之一

港珠澳跨海单 Y 型大桥总长 55 千米，连通珠、港、澳三地，开车从香港到珠海的时间将由之前的 3 个多小时缩减为半个多小时，对三地经济社会一体化意义深远。

同时，港珠澳大桥创下世界最长跨海大桥的纪录；并拥有世界上最长的沉管海底隧道，也是中国建设史上里程最长、投资最多、施工难度最大的跨海桥梁！因此被英国《卫报》评为"新世界七大奇迹"之一！

大桥主体由 6.7 公里的海底隧道和长达 22.9 公里的桥梁组成。最让人惊讶不已的是，隧道两端专门填建的两个世界上最美丽的人工岛，如同两艘巨型豪华航母停在海上；而两座人工岛之间，通过海底隧道连接起来。

人工岛是以 120 个直径 22.5 米、高 55 米、重达 550 吨的巨型钢筒插入到海底并固定在海床上，然后将一个个巨型钢筒串起，形成框架，再在中间排水、打桩并填充沙土，外围安装海浪缓冲桩严密加固，形成两个圆心岛。

两座人工岛和两侧陆地码头之间，就是长长的跨海桥梁。大桥上有"中国结"及"风帆"造型的桥塔，四周被迷人的海景围绕。

举世瞩目的"天眼"工程

位于贵州省平塘县的"天眼",是世界第一大单口
径射电望远镜,相当于30个足球场的面积。其全新的设
计思路,加之得天独厚的台址优势,使其突破了望远镜
的百米工程极限,开创了建造巨型射电望远镜的新模式,
将在未来二三十年保持世界一流地位。

"天眼"工程横空出世

1993年,东京召开的国际无线电科学联盟大会上,包括中国在内的
10国天文学家提出建造新一代射电"大望远镜"。他们期望,在全球电
信号环境恶化到不可收拾之前,能多收获一些射电信号。1994年7月,
FAST工程概念提出,俗称"天眼"工程。

2001年,FAST预研究作为中科院首批"创新工程重大项目"立项。
2011年3月,FAST工程开工报告获得批复,工程开工项目初步设计和概
算获得中国科学院和贵州省人民政府的批复,随即正式开工建设。

2015年2月4日上午,"天眼"安装了最后一根钢索,索网制造和安
装工程结束。这意味着FAST的支撑框架建设完成,进入了反射面面板拼
装阶段。2016年7月3日,"天眼"的最后一块反射面单元成功吊装,这
标志着FAST主体工程顺利完工。

2016年9月25日,"天眼"开始接收来自宇宙深处的电磁波。2017年10月,
"天眼"发现2颗新脉冲星,距离地球分别约4100光年和1.6万光年,轰
动世界。

世界上跨度最大、精度最高的索网结构

索网结构是FAST主动反射面的主要支撑结构,是反射面主动变位工
作的关键点。FAST索网结构直径500米,采用短程线网格划分,并采用
间断设计方式,即主索之间通过节点断开。索网结构的一些关键指标远

高于国内外相关领域的规范要求：例如，主索索段控制精度须达到 1 毫米以内，主索节点的位置精度须达到 5 毫米，索构件疲劳强度不得低于 500MPa。整个索网共 6670 根主索、2225 个主索节点及相同数量的下拉索。索网总重量约为 1300 余吨，主索截面一共有 16 种规格，截面积介于 280~1319 平方毫米之间。由于场地条件限制，全部索结构须在高空中进行拼装。

索网采取主动变位的独特工作方式，即根据观测天体的方位，利用促动器控制下拉索，在 500 米口径反射面的不同区域形成直径为 300 米的抛物面，以实现天体观测。

FAST 索网是世界上跨度最大、精度最高的索网结构，也是世界上第一个采用变位工作方式的索网体系。其技术难度不言而喻，需要攻克的技术难题贯穿索网的设计、制造及安装全过程。仅以高应力幅钢索研制为例，FAST 工程对拉索疲劳性能的要求相当于规范规定值的 2 倍，国内外均没有可借鉴的经验或资料作为参考。其研制工作经历了反复的"失败—认识—修改—完善"过程，最终历时一年半时间才完成技术攻关。所取得的成果已经在国际专家评审会上得到国外专家组的认可，成功在 FAST 工程上得到应用。随着索网诸多技术难题的不断攻克，形成了 12 项自主创新性的专利成果，其中发明专利 7 项，这些成果对我国索结构工程水平起到了巨大的提升作用。

天门山盘山公路

天门山盘山公路是位于张家界天门山的一条公路，全长 10.77 千米，海拔从 200 米急剧提升到 1300 米，大道两侧绝壁千仞，空谷幽深，有 99 个弯，180 度急弯此消彼长。似玉带环绕，弯弯紧连，层层叠起，直冲云霄，被誉为"天下第一公路奇观"。

智慧的结晶

天门山是张家界永定区海拔最高的山，距张家界城区仅 8 千米，因自然奇观天门洞而得名。天门山主峰 1518.6 米，1992 年 7 月被批准为国家森林公园，有湘西第一神山美誉。

天门山盘山公路于 1998 年开始修建，因天门山独特的地质和气候所局限，到 2005 年才全面贯通。它凝聚着全体施工人员的智慧和心血，整个工程艰辛卓绝。

整条公路蜿蜒迂回于万仞险壑之间，态势险绝，荡气回肠，修建于险峰陡崖之上，共有 99 个急弯，暗合了"天有九重，云有九霄"之意。天门洞以其接地通天的态势，成为人们心中通天的门户，因此通往天门洞的盘山公路也被称为"通天大道"。

在天门山盘山公路未修好之前，若想近距离一睹天门洞风采，莫过于上青天，山中无路，山势陡峭，单程至少需要一天。天门山盘山公路修好之后，景区的巴士从山门至天门洞单程仅须约 40 分钟。乘坐景区的旅游巴士上山，巴士在这蜿蜒的路上时而神龙甩尾，时而紧急拐弯，沿途可领略天门山的惊险奇崛，荡气回肠。险峻的盘山公路可说是"扭曲到极致"。阳光照在行驶在山间的车上，车辆活像发亮的甲虫。

2006 年 3 月，网易、环球游报等 30 多家媒体联合推选"中国最值得外国人去的 50 个地方"，天门与长城、兵马俑、黄山、泰山、敦煌等中国顶级旅游品牌并肩获评金奖。天门山因为其"天下第一公路奇观"，被越来越多的人称赞为天赐瑰宝和山水极品，已成为张家界和湖南旅游的新王牌。

天下第一公路奇观

天门山盘山公路

天门山盘山公路以"惊、奇、险"著称，多次在国内外众媒体发布的"全球最险公路盘点"位居榜首，有4处最为奇险。

一是五指连环：公路第8弯至28弯，从空中俯瞰，5指佛手浑然天成，总长1837米的山路上有9个发卡弯。弯道37个，最大弯的角度超过105度，90度以上的弯尽达7个。

二是乾坤大道：公路第32弯至40弯。公路由下而上，天门山路中最直最长的上下两条直路，由一个180度回头弯贯连。坤道长793米；乾道长823米。

三是七重天路：公路第51弯至59弯。七层山路重叠其中，直指青天。936米长，海拔陡升200多米，为世界奇观，峭壁上更是井然堆砌着6个发夹弯。

四是飞龙盘旋：公路第84弯至89弯。通天大道中最为奇特的一段山路，短短的605米的路段有17个弯。100度以上的弯道3个，超过80度以上的弯道5个，60度以上的弯4个。其中还有唯一的一座"山路立交"，让人叹为观止。

天门山盘山公路建成后，获得了众多的荣誉称号："通天大道""全国十大盘山公路之首""中国极限道路之王""天下第一公路奇观"。